AF360436

# AGRICULTURE

## DU

# DÉPARTEMENT

## DU

# PUY-DE-DOME

PAR

## LA SOCIÉTÉ CENTRALE D'AGRICULTURE
### DE CE DÉPARTEMENT

SOUS LA DIRECTION

### DE M. J.-A. BAUDET-LAFARGE

SON SECRÉTAIRE GÉNÉRAL.

CLERMONT-FERRAND

TYPOGRAPHIE DE PAUL HUBLER, LIBRAIRE.

—

**1860**

# AGRICULTURE

DU

## DÉPARTEMENT DU PUY-DE-DOME.

# AGRICULTURE

## DU

# DÉPARTEMENT

## DU

## PUY-DE-DOME

PAR

## LA SOCIÉTÉ CENTRALE D'AGRICULTURE
## DE CE DÉPARTEMENT

SOUS LA DIRECTION

### DE M. J.-A. BAUDET-LAFARGE

SON SECRÉTAIRE GÉNÉRAL.

## CLERMONT-FERRAND
TYPOGRAPHIE DE PAUL HUBLER, LIBRAIRE.

## 1860

# AVANT-PROPOS.

En publiant cet écrit, la Société centrale d'agriculture du **Puy-de-Dôme** a eu pour but d'indiquer l'état actuel de l'agriculture dans ce département, les modes d'exploitation, les procédés de culture qu'on y pratique, les divers produits du sol et leurs débouchés, les habitudes de la population agricole.

Malgré l'intérêt qui s'attache aux chiffres, quand il s'agit de production et de consommation, elle s'est abstenue d'en donner sur ces deux sujets. Cette partie de la statistique, en ce qui concerne l'agriculture, rencontre partout de très-grandes difficultés pour arriver même à des résultats très-peu approximatifs. S'il en fallait une preuve, on la trouverait dans les nouvelles instructions adressées aux commissions cantonales de statistique, instructions dont l'existence seule suffit pour montrer combien ont dû être incomplets et insuffisants les résultats des travaux antérieurs de ces commissions.

Dans les pays où la propriété est extrèmement mor-
celée, où la culture est divisée entre une foule de gens
agissant, non pour le compte d'un petit nombre de
maîtres, mais pour eux-mêmes à titre de propriétaires,
de fermiers ou de colons, où la comptabilité n'est
connue que d'une infime minorité, comment obtenir,
excepté pour ce qui peut être exactement et facilement
compté, des chiffres méritant quelque confiance?

Telle est la situation du département du Puy-
de-Dôme. Elle commandait la réserve que sa Société
d'agriculture s'est imposée, principalement en ce qui
touche la quantité de la plupart des produits du sol,
leur valeur, ainsi que celle des parties consommées
ou exportées, leur prix de revient surtout; car, à défaut de comptabilité, et à considérer les éléments de
la production qui vont être exposés, il est facile de reconnaître que tout calcul à cet égard reposerait sur
des données très-vagues.

La Société d'agriculture n'a pas pu avoir la pensée
d'offrir au monde agricole des renseignements dont
l'exactitude ne lui aurait pas paru démontrée.

Quant à l'ordre dans lequel elle devait présenter les
faits qu'elle se proposait de rapporter, elle n'a pas
pu s'astreindre à suivre les divisions administratives
du territoire.

De nos cinq arrondissements, quatre, ceux de Clermont, Riom, Issoire et Thiers, sont formés de telle sorte, que des disparates frappantes existent même entre les diverses parties de chacun d'eux sous le rapport du climat, de la nature du sol et des produits, des modes d'exploitation, etc. Dans celui d'Ambert seul, la situation agricole est un peu différente.

La division cantonale aurait présenté les mêmes inconvénients, quoique à un degré moindre et d'une manière moins générale. Leur nombre d'ailleurs il n'y en a pas moins de cinquante, aurait amené un trop grand fractionnement de ce travail.

Il a paru plus convenable de classer les faits dans un plus petit nombre de chapitres. Ils y seront réunis en groupes distincts d'après la nature de chacun d'eux. Ce mode aura l'avantage de permettre de montrer souvent quelle influence exercent sur ces faits les localités et les circonstances dans lesquelles ils se produisent.

Les comparaisons entre la plaine et la montagne seront nécessairement fréquentes, et auront pour résultat de montrer des contrastes nombreux. Un tel mode de procéder pourra jeter quelque monotonie sur cet écrit; mais n'était-il pas commandé par la nature même du sujet qu'il embrasse? Et d'ailleurs, la variété des tableaux fera peut-être quelque diversion à l'uniformité des moyens employés pour les peindre.

Par cette publication, la Société a voulu être agréable tout à la fois aux agriculteurs appelés à remplacer tôt ou tard ceux d'aujourd'hui dans l'exploitation de la terre dans le Puy-de-Dôme, et aux agronomes étrangers au département.

Il sera souvent important, pour les premiers, d'avoir un point de départ exact pour apprécier les progrès qu'ils auront accomplis, ou de savoir à quelles méthodes déjà éprouvées ils pourront revenir, si, au lieu de progresser, ils ont fait fausse route.

Pour les seconds, il pourrait être intéressant de connaître le véritable caractère de l'agriculture du département du Puy-de-Dôme et quelques-uns de ses procédés.

C'est à ces deux classes de lecteurs que la Société d'agriculture dédie son œuvre.

Juin 1860.

# AGRICULTURE

DU

## DÉPARTEMENT DU PUY-DE-DOME.

### CHAPITRE PREMIER.

#### Topographie agricole et Climat.

Comme tous les pays formés à la fois de plaines et de montagnes, le département du Puy-de-Dôme possède des sources de richesse agricole très-variées quant à leur nature, et très-diverses aussi sous le rapport de leur fécondité respective. Le climat, loin d'être uniforme dans toutes ses parties, y présente au contraire des contrastes frappants. Les cimes des montagnes sont depuis longtemps blanchies par la neige, qui les couvrira jusqu'au retour de la belle saison, lorsque les premiers flocons tombent dans la plaine, où rarement cette couverture est de très-longue durée; et les derniers frimas ont disparu depuis longtemps déjà de celle-ci, chaque année, lorsque les parties montagneuses reprennent leur livrée de printemps.

Si le climat est sensiblement plus rude dans ces dernières régions, il n'est pas pour cela moins sujet aux brusques variations de température dont la partie basse du département a souvent à souffrir, au printemps surtout.

Là, il est malheureusement trop peu rare de voir les plantes sensibles au froid frappées par la gelée dans une saison où elle semblerait devoir ne plus se faire sentir. De ce nombre sont notamment la vigne, les pommes de terre des premières plantations, les haricots, le seigle en épis et les arbres fruitiers en fleurs. Sur les hauteurs, les mêmes causes produisent de moins déplorables effets, à cause du système cultural qu'on y suit.

Au point de vue géologique, le département présente aussi de grands contrastes. Volcanique sur les montagnes de l'ouest et du sud-ouest (monts Dômes et monts Dores), le sol est purement granitique dans la partie septentrionale de la chaîne du puy de Dôme, ainsi que dans les montagnes du Forez. Sur quelques points, il est argilo-calcaire ; sur d'autres, argilo-siliceux ; sur d'autres encore, plus siliceux qu'argileux ; enfin, il existe, de plus, quelques parties tourbeuses. Aussi, suivant les localités, présente-t-il des degrés de ténacité très-divers ; et l'intensité de sa fertilité est encore plus variée que les couleurs sous lesquelles il s'offre à l'œil.

Mais laissons parler notre savant professeur et collègue M. Henri Lecoq, qui a bien voulu rédiger pour nous la *Notice sur la terre arable du département du Puy-de-Dôme*, que nous allons transcrire :

« Le sol sur lequel on rencontre la végétation spontanée d'un pays et les cultures que les hommes ont substituées à une partie de cette végétation, est incessamment formé de débris très-divers.

» En effet, la nature arable ou la couche superficielle est dépendante du sous-sol, du sol environnant et des végétaux qui le recouvrent.

» Le sous-sol est très-souvent la partie dominante du terrain, et ce dernier peut être formé des parcelles du sous-sol plus ou moins divisé par le temps. Si ce sous-sol est très-compacte, formé d'argile, de marne ou de calcaire, le terrain participe de ces propriétés, il est peu perméable à l'eau.

» Si, au contraire, le sous-sol est formé par du granit, du gneiss, du grès ou des roches qui se divisent facilement, qui se disgrègent plus ou moins promptement au contact de l'air, on a un terrain léger, sablonneux et très-perméable à l'eau.

» Il arrive souvent que ces terres arables, dépendantes du sous-sol, sont modifiées par les terrains voisins, qui sont entraînés par les eaux et qui viennent se mêler les uns aux autres. C'est ainsi qu'un terrain compacte peut être ameubli par des alluvions sableuses, et qu'un terrain sablonneux peut être amendé naturellement par des dépôts d'argile.

» En général, ce mélange ou transport des sols par les eaux est une cause de fertilité.

» A ces terres pures ou mélangées dépendant du sous-sol et des matières minérales ajoutées, nous devons joindre une troisième cause qui les différencie, c'est la présence du principe organique, de l'humus ou terreau qui se produit tous les ans par la décomposition des matières organiques.

» Nous dirons encore que le principe organique ajouté à un sol déjà mélangé, est surtout une cause de fertilité, pourvu qu'il ne soit pas trop abondant.

» On voit donc que le sol peut agir sur les végétaux de deux manières diverses : 1° par sa composition chimique ; 2° par sa nature physique.

» On est loin d'être d'accord sur la priorité qu'il faut accorder à l'état physique ou à l'état chimique du sol. Les uns regardent l'état physique comme ayant une prépondérance marquée, et cette prépondérance est due surtout à la facilité plus ou moins grande avec laquelle le terrain retient ou abandonne l'eau des pluies ; les autres assurent que la nature chimique exerce une action bien plus considérable ; et si les premiers ont raison pour les plantes spontanées, il est certain aussi que les seconds sont dans le vrai pour les végétaux cultivés.

» En partant de ces principes, examinons ce qui a lieu dans le département du Puy-de-Dôme, et voyons quelles sont les principales espèces de terres arables ou cultivables qu'on y rencontre.

» En première ligne, nous placerons les terres de la Limagne. Ce sont des sols calcaires plus ou moins perméables à l'eau, mélangés de fragments de roches siliceuses que les eaux de l'ancien lac amenaient du sol primitif dans lequel elle est encadrée : c'est un terrain ameubli par des débris volcaniques que les vents entraînaient lors des anciennes éruptions, et que les eaux y charrient encore de nos jours ; c'est la vase fertile d'un ancien lac, où une puissante végétation a laissé aussi ses détritus ; c'est un terrain fendillé à travers lequel se dégage encore lentement l'acide carbonique qui nourrit les plantes ; c'est le type de la fécondité, le modèle d'un grenier d'abondance.

» Sur quelques points de cet admirable bassin, le calcaire, élevé sous formes d'îles, est resté sans mélange, et à peine les cultures ont-elles pu envahir ces îlots désolés.

» Sur d'autres points, les rivières et les ruisseaux ont charrié du sable, amoncelé des alluvions, enlevé à la terre son élément calcaire, et la fertilité s'est amoindrie quand le mélange des terres n'a pu s'opérer.

» Remontons maintenant de cette belle Limagne sur les bords verdoyants qui forment sa première ceinture. Nous verrons des prairies et des vergers, un sol arrosé par ces mille ruisseaux qui descendent des montagnes, et qui produit aussi des forêts et des bosquets. Ici plus de calcaire, mais un terrain primitif dont les parcelles divisées ont été réunies sur les bords de l'ancien lac, un terrain fertile encore parce qu'il est divisé, perméable, mélangé de tous les éléments du granit et des roches volcaniques, un terrain très-disposé à admettre la végétation des prairies et des forêts, mais se refusant, faute de calcaire, à la culture du froment et du sainfoin.

» Nous montons encore tout autour du bassin, et nous arrivons sur ces grands plateaux de terrain primitif qui s'élèvent à l'est et à l'ouest du bassin, et où le climat, modifié par l'élévation, exerce une influence directe sur la végétation.

» Là, ce sont des terrains souvent arides, cependant disgrégés, dont les uns sont stériles, parce que le principe végétal y fait défaut ; d'autres, au contraire, appelés terres de bruyères, sont inféconds par l'excès de cet humus accumulé depuis longtemps.

» Que l'on ajoute à ces sols le calcaire et les engrais pour les premiers, le calcaire seul pour les seconds, vous les rendrez fertiles et cultivables par cette seule addition.

» En nous élevant encore, nous trouvons en Auvergne une autre espèce de terrain, c'est le terrain volcanique : quelquefois il est meuble, poreux, scoriacé, atteignant une grande altitude, et impropre à la culture par ces différentes causes. Cependant, des espèces spontanées s'y développent avec vigueur. Les genêts, la digitale et la grande fougère y forment le fond de la végétation. Le hêtre et le sapin y forment des forêts, et les prairies s'y présentent en vastes tapis émaillés des fleurs les plus brillantes.

» Ailleurs, ce sont des plateaux basaltiques souvent très-étendus, contenant un principe calcaire dans le pyroxène qui fait la base du basalte, et se trouvant tout à coup propres à produire du froment.

» On rencontre encore, sur plusieurs points de l'Auvergne, des terrains tourbeux, gonflés, imbibés d'eau, sur lesquels naissent des plantes très-intéressantes pour le botaniste, mais nuisibles à la production du foin. Ici c'est encore la matière organique qui est prédominante comme sur les terres de bruyères. Il y a trop d'eau retenue dans ces terrains spongieux, mais le drainage seul suffit pour rendre à ces terrains toute la fertilité des prairies de montagnes.

» Telles sont, dans le département du Puy-de-Dôme, les différentes natures de sols sur lesquelles les cultures sont échelonnées, depuis la plaine de la Limagne et les alluvions de l'Allier, jusqu'aux plateaux des montagnes et aux cônes élevés qui les dominent. »

Le département du Puy-de-Dôme comprend deux régions agricoles bien distinctes, les montagnes et la plaine. Celle-ci se compose de tout le bas pays, auquel s'ajoutent naturellement les plateaux et les coteaux formant la base des montagnes, jusqu'à la hauteur où s'arrête la vigne. Les analogies de climat et de cultures autorisent ce rapprochement. Tout le reste appartient à l'autre région, dont quelques points sont à une grande élévation au-dessus du niveau de la mer.

Chacune de ces deux régions se divise aussi en deux parties.

D'un côté, c'est la plaine proprement dite, où la Limagne occupe la plus grande place; de l'autre, ce sont les pentes qui doivent bientôt, en se prolongeant, se fondre dans la région supérieure.

Dans celle-ci, dont la partie la moins élevée se qualifie

de demi-montagne, les vallons, leurs bordures immé-
diates et les plateaux, jusqu'à la zone où ne peuvent utilement pénétrer les travaux du laboureur, forment une
division agricole que son aptitude à produire des végétaux
farineux, féculents ou textiles, des prairies irriguées et
même des prairies artificielles, distingue très-nettement de
celle qui la domine, et dont les produits naturels sont les
bois de sapins et de hêtres et les pâturages. Ces herbages, souvent fort riches, couvrent des cimes plus arron-
dies qu'escarpées, où les rochers peuvent bien quelquefois
percer le sol, mais sans présenter ces arêtes aux mille
formes pittoresques, et souvent couvertes de neiges éter-
nelles, qui caractérisent d'autres chaînes de montagnes.

La richesse agricole existe en quelque sorte naturellement au plus bas et au plus haut du territoire du département. Le sol de la Limagne serait susceptible de produire
sans de grands efforts de travail. Les pâturages, surtout
sur les parties les plus élevées des monts Dores et des montagnes de l'arrondissement d'Ambert, se couvrent spontanément d'herbages qu'il suffit de garnir, à certaines époques de l'année, du bétail le plus apte à les consommer
utilement. Auprès d'eux, les forêts n'exigent d'autres soins
que la coupe et l'enlèvement des arbres.

Mais, entre ces points extrêmes, un travail actif, intel-
ligent, est nécessaire pour obtenir de bons produits, soit sur
les coteaux plantés de vignes qui bordent le bassin de la Limagne, soit sur les plateaux argilo-siliceux placés entre
celle-ci et les montagnes, soit dans les parties des montagnes
qui ne sont point couvertes de pâturages et de bois.

Les conditions si diversifiées de climat, de sol et d'altitude que nous venons de décrire successivement, entraînent, dans la nature et l'abondance des produits et dans
les habitudes de la population agricole, des différences
très-marquées.

En fait de céréales, le froment règne en souverain dans
la Limagne. A côté de lui cependant prennent place, mais
sur une moindre échelle, l'orge et l'avoine de printemps,
et très-exceptionnellement le seigle. La pomme de terre,
et depuis quelque temps la betterave à sucre et à fourrage,
y occupent une place importante. La carotte fourragère y
paraît avec succès partout où l'on veut l'essayer. Les fèves
et les vesces d'hiver et de printemps, les haricots, sont
au nombre des plantes qui se substituent à la jachère.
Là, le chanvre acquiert un grand développement, surtout
depuis l'introduction des variétés du Piémont et de l'Anjou; les prairies artificielles, luzerne, sainfoin et trèfle,
prospèrent à merveille; les prairies naturelles, souvent
plantées de magnifiques vergers et bien arrosées avec les
eaux descendant des montagnes, donnent de bonnes et
abondantes récoltes de foin et de regain. Les arbres, généralement relégués aux bords des champs, y deviennent
de plus en plus rares : ce sont des noyers, des ormes, des
peupliers et des saules. La vigne même a fait invasion dans
les fortes terres de la Limagne, où elle est recherchée à
cause de l'abondance de son vin.

Entre la plaine proprement dite et la montagne, le froment tend de plus en plus à disputer le terrain au seigle,
grâce à une meilleure culture; il domine même là où le
sol contient naturellement ou artificiellement du calcaire.
L'avoine et l'orge s'y cultivent aussi. Les plantes à racines
nourrissantes y sont représentées par la pomme de terre et
la rave. La vigne abonde jusqu'aux limites que la température lui défend de dépasser; elle se trouve là à sa véritable
place pour donner, dans les expositions les plus favorables,
ses meilleurs produits. Les prairies naturelles occupant les
sols naturellement humides, et, moins heureusement
irriguées que celles de la plaine, produisent généralement
aussi en moindre quantité de moins bons fourrages.

Sur les sols calcaires de cette région, les diverses prairies artificielles prospèrent ; ailleurs, le trèfle seul réussit, et, dans certains endroits, grâce seulement à des soins exceptionnels. C'est aux mêmes conditions que l'on obtient de médiocres récoltes de chanvre. Quelques vergers de pommiers, des noyers, cerisiers, pêchers, abricotiers, poiriers, s'y font remarquer. Les bordures d'arbres de diverses essences forestières et feuillues, à haute tige ou en têtards, souvent mêlées aux haies vives, se voient plus fréquemment. Quelques taillis où le chêne domine achèvent de donner à cette région une physionomie particulière.

Sur les terrains de la montagne susceptibles de culture, le seigle et l'avoine sont les seules céréales que l'on sème ; on y cultive aussi parfois le sarrasin. La pomme de terre se montre à d'assez grandes hauteurs ; le chanvre même y occupe quelques espaces restreints auprès des habitations. La culture du lin ne se montre guère, mais peu abondante, que dans un très-petit nombre de communes de cette contrée. Quelques champs de trèfle se rencontrent dans les parties les moins froides. Les prairies naturelles bien irriguées abondent au contraire.

Sous le rapport topographique, ce département peut être comparé à un vaste cirque dont la muraille, au nord seulement, est formée par de petits coteaux coupés en un point pour livrer passage à l'Allier, et de tous les autres côtés par des montagnes, d'abord peu hautes aux deux extrémités du côté du nord ; et l'on pourrait dire qu'elles s'élèvent graduellement jusqu'aux environs de la courbure où se trouvent, au sud-ouest, les monts Dores, au sud-est les montagnes d'Ambert, avec Pierre-sur-Haute pour point culminant, si deux faîtes élevés, au levant Montoncelle, au couchant le puy de Dôme, n'interrompaient cette gradation.

Tout l'espace compris entre ces bordures de montagnes, et dont la Limagne est la plus basse aussi bien que la plus riche partie, se trouve ainsi sans abri du côté du nord. Du côté sud, au contraire, de hautes montagnes, avec leur enveloppe de neige, lui interceptent pendant tout l'hiver les courants d'air moins froid qui sans elles lui viendraient des régions méridionales. L'inclémence ainsi que la durée, assez grandes parfois, de ses hivers et l'incertitude de ses printemps sont probablement l'effet de ces causes réunies, qui lui font un climat moins doux et moins régulier que ne semblerait le vouloir sa latitude.

Nous aurions donné une fausse idée de la Limagne, si ce que nous venons de dire devait porter à la faire considérer comme une plaine dont la surface ne serait coupée par aucun accident de terrain. Dans toute sa région septentrionale, s'étendant des confins du département de l'Allier jusqu'à une ligne fictive qui, partant de Clermont, se dirigerait à l'est jusqu'à cette rivière, le sol n'est guère traversé que par de légers relèvements de sa surface, ou par des cours d'eau descendant de la chaîne des monts Dômes. Les plus considérables seuls, parmi lesquels il faut citer en première ligne la Morge, se sont creusé, de l'est à l'ouest, de petits bassins au fond desquels ils coulent. Quelques dépôts de sable d'une certaine puissance rompent l'uniformité de composition du sol, qui est très-généralement argilo-calcaire. Ce pays se nomme aussi le *Marais*, sans doute parce qu'il fut le dernier à être affranchi des eaux; il se subdivise en divers terroirs portant chacun un nom particulier. Ainsi, on dit le marais de *Cœur*, de *Sarlière*, de *Surat*, d'*Ennezat*, etc., etc. L'époque de la mise en culture n'est connue que pour les trois derniers. Celui de Sarlième fut desséché en 1647, par un gentilhomme allemand, M. de Strada; celui de Surat, de 1771 à 1780, par MM. Delaroche et Jaoul; le marais d'Ennezat, en 1790. Un

seul marais resterait à dessécher, c'est celui de Lempdes,
que les eaux envahissent et couvrent invariablement à la
suite de toutes les grandes pluies.

L'exécution des mesures décrétées par le gouvernement
de l'empereur pour l'amélioration du régime de tous les
cours d'eau, grands et petits, sera un immense service
rendu à ce vaste territoire, dont le climat et l'état sanitaire
seront améliorés et les récoltes exposées à de moindres
chances d'altération.

Toute la partie méridionale de la Limagne est parsemée
de coteaux ou de buttes d'une assez grande hauteur et généralement de formation calcaire, d'une médiocre fertilité
et couverts de vignes.

Entre ces éminences, la terre arable reprend toute la richesse qui est le privilége de la Limagne. De nombreux
ruisseaux la traversent aussi, descendant des monts Dores
pour aller, comme les précédents, payer leur tribut à
l'Allier. En temps ordinaire, le cours de tous ces ruisseaux est peu rapide ; mais la fonte des neiges ou les orages
qui éclatent parfois sur les montagnes, grossissent assez
souvent leurs eaux et en accélèrent l'écoulement d'une
manière formidable.

Deux rivières principales, l'Allier et la Dore, traversent
le département dans sa plus grande longueur du sud au
nord, et se réunissent, après avoir coulé presque parallèlement, un peu avant le point où l'Allier pénètre dans le département auquel il donne son nom. De nombreux affluents
descendent des montagnes de l'est et de quelques-unes
de celles du sud dans la Dore ; des montagnes de l'ouest,
ainsi que de l'autre partie de celles du sud, dans l'Allier.
Il existe une grande différence entre les alluvions formées
par ces deux rivières. Celles de la Dore sont peu fertiles ;
celles de l'Allier, au contraire, se font remarquer par leur
fécondité. La première de ces deux rivières et ses affluents,

avant d'arriver dans la plaine, coulent sur des sols granitiques et siliceux ; la seconde et les ruisseaux qui lui amènent leurs eaux, traversent non-seulement des terrains
semblables, mais aussi des sols volcaniques ou calcaires.
De là, sans doute, les différences qui distinguent les dépôts
qu'elles ont formés.

Un plateau argilo-siliceux sépare ces deux bassins près
du point où ils se réunissent. A son autre extrémité, ce
même plateau, qui se relève progressivement pour se con-
fondre avec les montagnes du sud-est et du sud, reste
argilo-siliceux dans sa partie orientale, du moins à la
surface ; tandis qu'il prend les caractères des terrains de
la Limagne sur la lisière qui borde le vallon de l'Allier, et
il participe alors de sa fertilité. Sous le sol argilo-siliceux,
on observe assez souvent le calcaire, la marne, qui gît
quelquefois à des profondeurs très-minimes.

## CHAPITRE II.

### Voies de communication.

Ce vaste territoire, dont l'étendue totale n'est pas moindre de 795,836 hectares, est maintenant sillonné de nombreuses voies de communication, pour la plupart bien entretenues. Cet heureux état de choses a déjà exercé une favorable influence sur la prospérité de l'agriculture en lui facilitant l'accès des champs et celui des marchés où s'écoulent ses produits, en augmentant les débouchés de ceux-ci, en ménageant les forces des attelages ou permettant de les utiliser mieux, enfin en réduisant dans une certaine mesure les prix de revient des récoltes.

Il date, pour les chemins vicinaux principalement, de l'époque où la loi du 21 mai 1836 a commencé à recevoir sa pleine exécution.

Sous l'empire de cette loi, des chemins de grande communication ont été d'abord construits pour desservir la plupart des cantons privés encore de routes d'un ordre supérieur. La Limagne, où le mauvais état des chemins était en raison directe de l'excellence du sol et de l'abondance des produits, a été tirée de cet état anormal. Bientôt après, les chemins de moyenne vicinalité, ou d'intérêt commun, se sont multipliés aussi, et la partie excédante des prestations en nature et des centimes spéciaux laissée à la disposition des communes, mieux employée que par le passé, a servi à des améliorations réelles sur les chemins vicinaux de la dernière classe.

Deux routes impériales (n⁰ 9 et n⁰ 106) traversent

le département dans sa plus grande longueur, du nord au sud, la première passant par Riom, Clermont et Issoire ; la deuxième, par Thiers et Ambert. Celle de Lyon à Bordeaux (n° 89) le coupe de l'est à l'ouest en passant par le chef-lieu. La route de Clermont à Roanne (n° 81) s'embranche sur celle-ci à peu de distance de la limite orientale du département. Sur le n° 89, deux autres routes prennent naissance dans la région des montagnes, à l'ouest de Clermont ; l'une (n° 122) se dirige sur Toulouse par Aurillac ; l'autre (n° 141) sur Saintes par Limoges ; une dernière route impériale (n° 143) part du n° 9, au nord de Riom, et conduit à Tours. Depuis vingt ans, ces routes ont reçu des améliorations considérables ; leur entretien est plus en rapport avec les besoins d'une circulation devenue plus active ; des rectifications de rampes ont été exécutées ; d'autres, malheureusement, restent inachevées ou ne se continuent qu'avec une extrême lenteur.

Le service des routes départementales au nombre de douze est mieux assuré ; aussi marchent-elles assez rapidement vers leur achèvement complet, et l'entretien de la plupart est-il irréprochable.

Depuis quelques années déjà la circulation est assurée sur le chemin de fer Grand-Central du sud au nord du département, par Issoire, Clermont et Riom. Ce chemin s'embranche sur celui d'Orléans et sur la ligne de Lyon par Roanne. Bientôt les communications avec Paris seront rendues plus promptes par l'achèvement du chemin de Paris à Lyon à travers le Nivernais et le Bourbonnais ; et lorsque le Grand-Central sera achevé jusqu'à Montauban, les relations du Puy-de-Dôme avec le Midi en seront considérablement augmentées.

La rivière d'Allier et celle de Dore complètent les voies de transport du département. La Dore n'a qu'un parcours assez peu étendu à partir du port de Lanaud, où elle devient flottable; l'Allier, au contraire, est navigable dans toute sa traversée, c'est-à-dire sur **92,488** mètres. Mais la navigation, loin d'être constante, n'est assurée que pendant une partie de l'année. Il n'est guère permis d'espérer que les travaux nécessaires pour améliorer le régime de cette rivière soient entrepris avant longtemps. Ceux qu'exige la conservation des excellentes terres d'alluvion de son bassin qu'elle entraîne ou ensable dans ses débordements, sont compris dans le vaste plan d'entreprises d'utilité publique dont le Gouvernement élabore les projets.

# CHAPITRE III.

## Population.

La population du département, presque tout entière, est vouée aux travaux des champs; son chiffre total s'élève à 591,501 âmes; celle des localités même où diverses industries manufacturières ont pris le plus d'essor, n'échappe pas complètement à cette loi. Les couteliers et papetiers de Thiers, les papetiers et tisseurs de lainages et de liens d'Ambert, les tanneurs de Maringues, et les tisseurs de toiles, ainsi que les sabotiers, scieurs de long et terrassiers de plusieurs communes de la région montagneuse, quittent à certains jours les outils de leur profession pour prendre la bêche et la pioche. Posséder des vignes et des terres pour les cultiver soi-même est le rêve de ceux de ces ouvriers qui peuvent ou savent faire quelques épargnes.

Un fait nouveau et très-digne de remarque se manifeste de nos jours. Il prouverait, si cela n'était depuis longtemps démontré, que les meilleures choses, en dépassant certaines limites, peuvent avoir de mauvais résultats. Dans les pays où le sol pauvre nourrit mal ses habitants, et où d'ailleurs le travail des champs est longtemps interrompu par les rigueurs de l'hiver, l'association de l'industrie manufacturière à l'agriculture est un bienfait, à considérer son influence d'une manière générale. Il en a été longtemps ainsi pour la plupart des villages formant, jusqu'à une grande distance, la banlieue manufacturière de Thiers, mais on commence à s'apercevoir que la médaille a son revers. La coutellerie de cette ville est dans une voie de prospérité telle qu'elle a besoin de très-nombreux ouvriers. Ceux qu'elle emploie en si grand nombre dans la campagne ont été insensiblement amenés à négliger leurs champs pour l'atelier. Par suite, le métayer qui a voulu rester exclusivement cultivateur, est réduit à ses propres forces et aux bras de sa famille; les auxiliaires salariés lui font défaut, même pour les travaux les plus essentiels et les plus urgents. Dans de telles conditions, la production agricole ne saurait être en voie d'accroissement; aussi cette partie du département est-elle une de celles où le progrès est le plus lent à se produire, malgré le soin que plusieurs propriétaires éclairés mettent à surveiller l'exploitation de leurs métairies.

Auprès d'Ambert, l'industrie manufacturière et l'agriculture continuent de se rendre de mutuels services sans que l'une empiète sur l'autre.

Il est des localités de la montagne qu'une émigration périodique et plus ou moins lointaine, prive chaque année de ses cultivateurs les plus valides; mais ceux-là reviennent quand les travaux agricoles les plus considérables les rappellent, et ne repartent qu'après les avoir accomplis. Le reste des cultures devient le lot des personnes que l'âge, le sexe ou les infirmités retiennent au pays et privent de la ressource d'aller au loin chercher des occasions d'utiliser leur temps avec plus de profit. L'amour du sol natal s'éteint rarement dans le cœur de ces émigrés. Aussi les gains de leur commerce ou de leur travail extérieur servent-ils, au retour, à acheter de la terre, car on a pour elle une véritable passion, et sa valeur vénale atteint un chiffre que l'on croirait réservé seulement pour le sol de localités plus favorisées par la nature.

Dans cette région et dans certaines localités de la plaine, les femmes prennent une part fort active aux opérations agricoles; dans d'autres, au contraire, le prétexte des soins à donner à une chèvre, à quelques chétifs moutons ou à leur quenouille, que la filature à la mécanique cependant condamne souvent à l'immobilité, les dispense de s'associer aux travaux de la culture, même lorsque leurs maris ou leurs pères cultivent pour leur propre compte. Cela se voit surtout dans les pays peu avancés dans l'art agricole, où la jachère, conservée sur d'assez grandes étendues, entretient la vaine pâture. Cette influence de la jachère, quand elle occupe de grandes étendues, peut s'expliquer. Le travail des champs exigeant un nombre de bras relativement restreint, ceux des femmes ne sont pas absolument indispensables; d'un autre côté, la possibilité de la vaine pâture les porte à posséder un certain bétail pour profiter de cette ressource et à consacrer leur temps à sa garde. Cette explication est parfaitement justifiée par l'extinction de ces habitudes de demi-paresse dans les localités assez heureuses pour avoir pu déjà supprimer ou restreindre de beaucoup la jachère. Ce sont des faits dont notre temps a été témoin et est appelé à l'être souvent encore, si l'on en juge par les tendances vers les perfectionnements agricoles qui se manifestent de divers côtés.

La vaine pâture est une calamité pour les campagnes. Nuisible aux intérêts des propriétaires de récoltes, dont les droits sont souvent mal respectés, elle a aussi pour effet d'oblitérer le sens moral de ceux qui en profitent. Ceux-ci, soumis à l'épreuve d'une tentation de chaque instant, s'accoutument à l'idée que les champs mieux pourvus de verdure que ceux où ils ont le droit, d'après l'usage, de tenir leur bétail, peuvent bien, eux aussi, être mis à contribution, et de la négligence dans la garde on arrive bientôt à laisser faire volontairement, si l'on ne va pas plus loin. Souvent même cette oblitération du sens moral dont nous venons de parler est l'effet de l'exemple donné par les mères aux enfants qu'elles gardent aux champs en même temps que leur petit bétail. Ces enfants, chargés bientôt eux-mêmes, et bien avant le temps où ils en seraient réellement capables, de conduire ces animaux à la pâture, sont de bonne heure appelés à mettre en pratique ces mauvaises leçons. — L'amélioration du sort des populations marchant de front avec la quasi suppression de la vaine pâture, qui . arrive dans beaucoup de localités à la suite de l'adoption d'assolements plus productifs, est un motif de plus pour désirer que cet usage subisse partout les mêmes restrictions.

Les montagnes sont les pays où les femmes s'associent le plus complètement aux travaux de culture. L'absence des hommes et la nécessité de les suppléer pendant leur émigration périodique leur en font contracter l'habitude. Aussi les voit-on labourer, bêcher, écobuer, piocher la terre, conduire les voitures, étendre les fumiers, fauciller les récoltes, les voiturer, les battre, etc. Dans les parties de la plaine où elles s'utilisent le mieux, les sarclages et les binages, les semis en lignes, l'arrachage du chanvre et des betteraves, la vendange et le travail des foins, sont les plus pénibles des œuvres auxquelles elles s'associent. Si elles prennent part à d'autres travaux c'est plus spécialement comme auxiliaires. Leur excuse est dans des occupations plus nombreuses qu'elles ont comme ménagères là où les produits qu'elles sont plus spécialement appelées à soigner sont plus abondants.

Nous venons de parler des populations dont la partie virile la plus active émigre pendant la mauvaise saison pour utiliser au dehors des bras qui chez eux seraient forcément condamnés au repos. Mais, il faut bien l'avouer, parce que cela est vrai, si pénible qu'il soit de

le dire, il y a des communes, en très-petit nombre à
la vérité, dont la singulière industrie est d'émigrer pour
spéculer sur l'aumône, et cette industrie coupable se
perpétue d'autant plus aisément qu'elle n'est pas des
moins productives. Le numéraire arrive dans ces communes avec le retour de ces voyageurs, pour s'immo-
biliser dans la terre, dont la valeur vénale atteint ainsi
un prix élevé, malgré la médiocrité de sa puissance
productive.

Il existe chez les pauvres gens de la campagne, et
dans la partie la moins laborieuse de ceux-ci, une autre tendance à quitter leur pays pour se fixer à la ville.
Ce n'est pas parce que la misère ne trouve aucun secours à la campagne ; si le paysan n'ouvre pas volontiers
sa bourse, il ne refuse jamais de partager son pain et
sa soupe avec le mendiant, qui est toujours assuré
aussi de trouver un toit pour s'abriter pendant la nuit.
Les soins, ceux du moins que chacun peut donner, ne
font pas non plus défaut au malade. Mais il existe aujourd'hui dans toutes les villes des institutions charitables,
privées ou publiques, dont un des effets est d'y attirer
des habitants nouveaux enlevés aux campagnes. Des
enquêtes administratives ont démontré que la classe si
nombreuse et si importante des mendiants de Clermont,
par exemple, se recrute hors de la ville, parmi des gens
qui vendent le peu qu'ils possèdent, pour venir s'y fixer
et vivre de ce capital et d'un peu de travail, jusqu'au
jour où une résidence suffisamment prolongée leur donne
le droit de cité. Ils savent qu'à ce moment la bien-
faisance organisée et la charité privée, aujourd'hui très
actives, les admettront à participer aux secours de toute
nature qu'elles sont ingénieuses à créer. La collectivité
des moyens d'assistance semble égarer les esprits de ceux
qui en profitent, au point d'être bien près de leur faire

croire à un droit acquis sur tous ces secours existant en leur faveur. Il faudrait admirer l'esprit de charité, même quand il se tromperait, car il le ferait à bonne intention; mais, dans un temps où beaucoup de bons esprits se préoccupent de ce fait assez nouveau de la progression plus lente de la population de la campagne que de celle des villes, ne pourrait-on pas se demander si la charité publique et privée ne s'expose pas à faire fausse route en multipliant et variant les moyens d'assistance, sans examiner s'il ne devrait pas exister simultanément des moyens de contraindre au travail les mains valides qui appellent l'aumône?

En Auvergne d'ailleurs, comme dans beaucoup d'autres contrées, les populations rurales répondent à l'appel que de nombreux travaux publics leur font, et cèdent à l'attraction des villes grandes et petites, où les personnes de l'un et de l'autre sexe trouvent à s'employer comme domestiques et ouvriers de l'industrie; celles-là sont le plus souvent perdues sans retour pour leur pays natal.

Sous le rapport du régime alimentaire, comme sous tous les autres, il existe certaines différences bien caractérisées entre les habitudes des populations de la montagne et de la basse plaine. Dans toutes les montagnes et dans les régions immédiatement moins élevées, où le seigle est la principale céréale, l'usage du pain de seigle est général chez les cultivateurs. Les mieux partagés le font avec du méteil, mélange de seigle et de froment. Dans la Limagne, ce pain n'est guère connu; il est remplacé par le pain de froment, auquel les manœuvres et les plus pauvres ménages mêlent quelquefois de l'orge. Le froment rouge, si riche en gluten, est le plus employé dans la consommation locale; chaque ménage prépare son pain. Le four où on le cuit est tantôt la propriété particulière de chacun, tantôt celle du village entier; quelquefois la cuisson du pain devient l'objet d'une petite industrie; on trouve alors plus économique de recourir au fournier.

Après le pain, les légumes, les fruits, le laitage et les œufs forment la partie la plus essentielle de la nourriture des gens de la campagne. Le riz aussi est devenu d'un usage assez ordinaire depuis les dernières chertés des grains. Les familles les moins pauvres ajoutent à cet ordinaire, à certains jours de la semaine, de la viande de porc. La plupart des gens de la campagne élèvent de ces animaux après les avoir achetés très-jeunes; mais c'est pour en retirer un jour, en les vendant, un certain profit destiné à fournir à de plus pressantes exigences. L'usage de la viande de boucherie est moins inconnu qu'il ne le fut jadis chez les paysans les plus riches; aussi beaucoup de villages qui n'avaient jamais eu de boucheries en ont-ils aujourd'hui. Assez fréquemment aussi ces mêmes paysans font abattre pour leur usage, soit seuls, soit en s'associant avec d'autres, de vieilles vaches destinées à être salées, et très-peu engraissées au préalable.

L'eau est la boisson ordinaire des manouvriers et des petits cultivateurs; il y a cependant à ce régime quelques exceptions. En général, les hommes employés à la récolte des foins et aux moissons reçoivent une certaine ration de vin ou tout au moins de piquette. Dans les montagnes, où le lait est un des produits principaux, le petit-lait joue un rôle d'une certaine importance comme boisson; et dans le vignoble des arrondissements de Riom, Clermont et Issoire, les journaliers eux-mêmes reçoivent en tout temps une ration, souvent très-forte, de piquette (appelée boisson, travin, petit-vin). Aussi chacun d'eux porte-t-il constamment en allant au travail son petit baril de bois, dit bousset ou barlet, qui lui est aussi indispensable que sa bêche ou son feçou.

Au premier abord, il pourra paraître oiseux de parler ici du costume des paysans; il n'en est rien toutefois. Le choix de la forme et de la composition du vêtement est dicté par les exigences de la position des personnes qui le portent, ou bien il subit la loi du caprice, de la mode, si l'on veut. Dans le premier cas, il est en quelque sorte caractéristique des habitudes de ces personnes; dans le deuxième, il est de nature à influer sur ces habitudes de manière à les modifier plus ou moins. A l'un et à l'autre point de vue, il a droit à une mention dans un écrit de la nature de celui que nous offrons au public.

Depuis une trentaine d'années, une révolution est en voie de s'opérer dans le costume des campagnards de la plaine; et ses progrès sont rapides grâce aux nombreux marchands de vêtements confectionnés qui dressent leurs boutiques ambulantes dans toutes les foires. Autrefois on pouvait par l'habit juger de la localité à laquelle appartenait celui qui le portait, tant était grande l'uniformité sous ce rapport dans chaque commune ou groupe de communes. Partout le chapeau avait d'assez larges bords pour protéger contre la pluie et les ardeurs du soleil; il abritait de longs cheveux flottants sur les épaules. Les habits pour l'hiver étaient d'une forte étoffe de laine, pour l'été de toile de chanvre pure ou mêlée de laine, l'un et l'autre filés dans la maison et tissés dans le pays. Chacun avait pour se défendre des intempéries un large et long vêtement de laine, dont la coupe pourrait bien avoir inspiré nos tailleurs le jour où ils nous offrirent le paletot.

Aujourd'hui tout cela est profondément modifié sur les points où l'ancien usage n'est pas complètement abandonné. Les bords de l'antique chapeau ont été considérablement raccourcis, quand il n'a pas cédé la place à la casquette; les cheveux tombent fréquemment sous d'impitoyables ciseaux ; sans être entièrement abandonnées, les étoffes d'autrefois ont cédé une partie du terrain aux draps légers, aux tissus de coton, et le pardessus se retrouve à peine encore chez les anciens. A la vérité, le parapluie est entre toutes les mains, la blouse sur toutes les épaules ; mais l'usage du premier ne se concilie avec aucun travail des champs, et la blouse, le plus ordinairement en toile de coton, est bien plutôt un objet de parade qu'un moyen sérieux de protection contre le froid ou la pluie.

Si nous nous arrêtons aux costumes des femmes, ce sera pis encore ; de ce côté-là, le confortable a été bien plus abandonné pour le brillant, et, à l'exception des plus pauvres familles, il en est bien peu pour lesquelles le mariage de leurs filles ne soit une occasion, en quelque sorte obligée, d'acheter plus ou moins d'étoffes de soie et de bijoux en or.

Si le châle de laine tend à remplacer avec avantage presque sur toutes les épaules féminines, le simple fichu de coton ou le mouchoir de toile, en revanche le capuchon, d'un tissu serré et à peu près imperméable, qui enveloppait la tête et tout le haut du corps, ne se voit plus sur les jeunes femmes. L'ormille ou omeille, au vaste disque en tresse de paille, jadis adoptée par les bergères de certaines localités pour s'abriter de la pluie ou du soleil, est en train de disparaître. Les tresses fabriquées par les femmes de la campagne ne sont plus jugées assez belles pour les chapeaux de diverses formes que les personnes de leur sexe mettent par-dessus la coiffe ou le bonnet pour aller aux champs ou en voyage : le commerce se charge maintenant de leur en fournir de plus fines.

Le sabot seul a conservé tout son empire ; plus ou moins couvert, plus ou moins lourd, toujours amplement garni de clous ou autres pièces de fer à la semelle, il

chausse encore tous les pieds, et il obtiendra probablement les préférences du cultivateur aussi longtemps que
celui-ci n'aura pour labourer que des bœufs ou des
vaches aux allures peu rapides. Le soulier chez le paysan
est un objet de luxe, dont il n'a pas toujours besoin,
même pour ses plus longues courses.

N'est-il pas à présumer que des hommes vêtus comme
nous venons de le dire doivent être moins disposés que
leurs devanciers à braver les intempéries ou moins aptes
à le faire impunément pour leur santé?

Les montagnards ont été mieux avisés; la mode n'a pas
encore autant entamé leurs usages, sans doute parce que
l'âpreté du climat sous lequel ils vivent a fait sentir chez
eux les dangers de pareilles innovations, et leur rend
chère surtout la confortable limousine, qui leur sert de
manteau contre tous les mauvais temps.

Il s'est fait de plus heureux changements dans les habitations. A mesure qu'on les reconstruit, on s'attache
à leur donner de meilleures dispositions, à prendre des
précautions pour en défendre l'entrée au froid, tout en
donnant plus d'accès à la lumière. Des moyens de circulation plus commodes ont favorisé l'emploi de bons
matériaux de construction sur beaucoup de points où
ils étaient autrefois inconnus. Aussi les torchis et les
toits en chaume deviennent-ils sans cesse plus rares.
L'administration préfectorale, aidée par des votes du Conseil général, contribue chaque jour à favoriser la substitution de la tuile à la paille pour les couvertures, en
mettant à la charge du budget départemental une partie
des frais de cette substitution, quand elle se fait chez
les pauvres gens. C'est là une de ces mesures philan-
thropiques que l'on ne saurait trop louer.

Nous dirions que bientôt la tuile se sera substituée
partout au chaume, si dans certaines communes il n'existait

des carrières de pierres feuilletées se détachant en lames
de grandes dimensions et de plusieurs centimètres d'épaisseur, dont on fait des couvertures chaudes et solides
à la fois, précieuses à ce double titre, surtout dans les
montagnes.

Le pisé est généralement adopté partout où la nature
de la terre se prête à ce mode de construction, qui,
convenablement exécuté et crépi à chaux et sable, dure
longtemps et laisse moins d'accès au froid et à la chaleur
que les meilleures maçonneries. Partout où la pierre de
taille n'est pas trop rare, on l'emploie pour les portes
et fenêtres ; ailleurs on se contente de simples cadres
en bois.

Si maintenant nous considérons la population en elle-
même et dans ses qualités physiques, nous dirons que
ce sont les montagnes, le grand vignoble et les parties
les plus riches de la Limagne, qui contiennent en plus
grand nombre les plus belles constitutions associées aux
plus hautes statures.

Sous le rapport des salaires, la position de la population
varie beaucoup d'une localité à une autre.

Considérés dans leur ensemble, les prix de journées
d'hommes employés aux travaux ordinaires de la culture,
à l'exclusion des fauchages, moissons et vendanges, vont
de soixante-dix centimes à deux francs cinquante, suivant
les saisons. Mais il est des communes où ils ne descendent
jamais au premier de ces chiffres, de même qu'ailleurs ils
n'atteignent pas le plus fort.

Quelquefois le cultivateur nourrit ses ouvriers, et alors ce
prix subit une réduction de cinquante centimes environ.

Envisagée comme nous venons de le faire pour les hommes, la valeur de la journée des femmes se maintient entre
quarante centimes et un franc.

En général, les journaliers du vignoble et des pays les

plus fertiles sont ceux qui obtiennent les salaires les plus élevés.

Quoiqu'il existe des différences entre les localités sous le rapport des gages des domestiques, elles sont moindres cependant qu'à l'égard du prix des journées.

Rarement un valet de ferme reçoit plus de deux cent cinquante francs, quoique cela arrive cependant; et un pareil gage n'est jamais gagné que par les domestiques chargés des emplois principaux, comme ceux qui ont mission de panser les bœufs et les vaches, en sus de la conduite d'un attelage pour tous les travaux de la ferme, et qu'on appelle *grands bouviers.*

Les valets qui ne reçoivent que cent trente ou cent vingt francs sont de très-jeunes gens presque à leurs débuts.

Les gages des servantes varient de quarante à cent vingt francs. Ces différences sont régies par des causes analogues à celles qui influent sur ceux des hommes.

Ce qui est commun à toutes les parties du département, à peu d'exceptions près, c'est une augmentation considérable, déjà réalisée depuis quelques années, dans les gages des domestiques, et un peu moins forte sur les prix des journées. Rien n'indique que cette hausse ait atteint son maximum. On doit au contraire s'attendre à une progression nouvelle, qu'il faudra attribuer pour beaucoup à une émigration des jeunes gens des deux sexes vers les villes.

La comparaison entre les recensements de 1851 et de 1856 semble justifier cette précision. Entre ces deux années, l'accroissement total pour le département n'a été que de trois cent quatre-vingt-dix-neuf âmes. Pendant cette même période, quatre de nos principales villes, Clermont, Thiers, Riom et Issoire en ont gagné sept mille sept cent soixante-treize, sur lesquelles quatre mille six cent quarante-quatre appartiennent à Clermont.

Parmi nos chefs-lieux d'arrondissement, Ambert seul a subi une perte, qui est de trois cent trente-six âmes, à peu près l'équivalent de l'augmentation totale de la population du département.

# CHAPITRE IV.

## Situation de la propriété.

La grande propriété n'existe qu'à l'état d'exception dans le Puy-de-Dôme. Les domaines de cent hectares y sont rares; plus rarement encore en trouve-t-on qui soient tout d'une pièce, même parmi ceux d'une moindre contenance. C'est le pays du morcellement par excellence, dans les parties les plus fertiles surtout. Là, c'est assez l'usage, parmi les copartageants, de vouloir chacun avoir une part dans chaque parcelle du patrimoine à diviser. Ainsi se trouvent étendues, probablement au-delà des intentions du législateur, les dispositions du Code Napoléon sur les successions.

Ici se présente tout naturellement une question dont l'examen ne saurait échapper aux études de la Société d'agriculture. Ce morcellement a-t-il été favorable ou défavorable à la production agricole du pays envisagée dans son ensemble? A ce point de vue, cette division, même excessive déjà, de la terre, ne saurait être condamnée. La population s'est considérablement accrue, et pourtant elle est mieux nourrie, mieux logée; le bétail est plus nombreux, de plus forte taille généralement et de meilleure qualité; les récoltes sont plus variées et plus abondantes. Quelles preuves plus concluantes pourrait-on désirer?

La petite culture, sans doute, est la conséquence forcée du morcellement, mais elle en est aussi le correctif. La somme de travail qu'elle accumule sur un même espace de terrain, compense ce qui lui manque sous le rapport des capitaux en espèces et du savoir; mais ce travail est soigné parce qu'il est intéressé, et son prix de revient ne doit pas être porté aussi haut que sembleraient l'exiger les règles d'une comptabilité rigoureuse, parce qu'une assez notable partie est exécutée par des bras de femmes et d'enfants qui, dans un autre ordre de choses, resteraient souvent inoccupés, ou ne s'emploieraient pas avec toute leur puissance. Le morcellement a donc créé des forces nouvelles en faveur du travail agricole.

L'association vient assez souvent atténuer les inconvénients du fractionnement des cultures. Tel paysan qui ne peut acheter et nourrir qu'une seule vache, s'associe à un autre dans une position identique à la sienne. Il obtient ainsi le moyen d'atteler deux vaches à son araire, à la charge de procurer à son tour le même avantage à son camarade. Cela se voit fréquemment dans la plaine et s'appelle *combiner*.

Ce n'est pas sous le seul rapport de la propriété que le morcellement doit être envisagé; il faut aussi le considérer dans ses résultats lorsqu'il est appliqué à la culture seulement.

Ces résultats se présentent sous une double face : d'un côté l'intérêt du fermier, de l'autre l'intérêt public. L'un et l'autre trouvent-ils leur satisfaction à ce régime? Oui, lorsque la concurrence aveugle n'élève pas démesurément les prix des baux, parce qu'alors l'augmentation des produits agricoles est obtenue à l'avantage de tous. Le cultivateur, dans ce système, peut, avec assez de raison, être assimilé au petit propriétaire, quant à la manière d'exploiter le sol; son bénéfice seul est moindre, et devient nul si, comme cela arrive trop souvent, il accepte des conditions de fermage trop dures.

Citons, comme exemple de l'heureuse influence que peuvent exercer les deux espèces de morcellement, les transformations survenues depuis quarante ans dans la situation d'une commune située sur la lisière de la Limagne, celle de Saint-Laure (arrondissement de Riom).

A l'époque prise ici pour point de départ de nos comparaisons, la misère était grande dans ce village ; les hommes se voyaient pour la plupart réduits à aller offrir, dans les localités voisines, leurs bras souvent sans emploi dans leur propre commune, et souvent aussi ils y étaient refusés. Ils habitaient les maisons les plus chétives, construites en torchis et couvertes en chaume. Dans le voisinage, on citait cette population comme le type de celles dont la nourriture était la moins substantielle. Les conséquences d'un pareil régime se devinent assez. Depuis, quelques grands domaines ont été divisés en parcelles d'une étendue proportionnée aux forces de ceux qui devaient les cultiver. Le mode de location était alors le colonage à portion de fruits. La culture du trèfle avait déjà commencé à augmenter la fertilité du sol, qui bientôt se développa au point que, depuis longtemps, cette commune est devenue une des plus productives de la contrée, si fertile elle-même, à laquelle elle appartient. Les habitants ont des denrées en abondance à conduire dans les marchés voisins. Avec leur bétail, plus nombreux que celui jadis entretenu dans la commune, et amélioré surtout par un bon régime alimentaire, ils obtiennent chaque année des prix dans les concours organisés par la Société d'agriculture. La propreté et le confortable de leurs vêtements, l'élégance relative de leurs maisons de paysans, le calme de leurs physionomies où éclate l'expression du bien-être, les riches récoltes de leurs champs sans jachères, tout, en un mot, dans ce village, concourt à manifester, aux yeux de ceux qui le revoient après l'avoir connu jadis, le contraste le plus complet entre le présent et un passé encore peu éloigné.

On pourrait aisément multiplier les citations de transformations du même genre déjà accomplies ou en voie de se faire dans d'autres localités, sous l'influence de causes semblables ; on serait même fondé à dire que presque partout les mêmes tendances se retrouvent, mais à des degrés variables.

Toutefois, on donnerait une idée inexacte de l'état et des effets du morcellement, si on laissait croire que toujours et partout les partages entraînent la subdivision des parcelles. Il se trouve certainement des esprits assez judicieux pour éviter cet abus du droit. On remarque même, depuis quelques années, dans certaines localités des montagnes de l'arrondissement de Thiers et du canton de Saint-Dier, une heureuse tendance à en agir ainsi. Les ventes en détail, de leur côté, quoique assez fréquentes, sont loin de produire tous les mauvais effets que l'on serait porté de prime abord à leur imputer. Ainsi que nous l'avons indiqué déjà en parlant de la composition des domaines, on a pu voir que la plupart d'entre eux sont formés de parcelles plus ou moins nombreuses, plus ou moins éparses. Dans le démembrement des domaines, la vente de ces parcelles peut souvent se faire sans multiplier les lambeaux du sol, et même sans créer de nouvelles cotes de contribuables, parce que fréquemment, dans ces mutations, la terre va à celui qui en possède déjà.

Ce que nous venons de dire sur les effets du morcellement est la reproduction d'une opinion très-générale dans le pays ; nous devons reconnaître cependant que, dans certaines localités de la montagne, par exemple, on lui attribue l'inconvénient de rendre plus difficile l'exploitation des domaines par la réduction du nombre des bras qui se mettaient à la disposition des chefs d'exploitation. On lui fait encore un autre reproche, c'est de tendre à appauvrir un sol déjà très-peu fertile. Le fermier parcellaire, dit-on, ne peut pas se procurer le fumier nécessaire pour un sol qui en a plus besoin que tout autre. Ici le remède se trouvera tout à côté du mal. L'issue d'une telle situation sera dans le retour de la terre au propriétaire qui, mieux avisé désormais, renoncera à un mode d'exploitation infailliblement destiné à nuire à ses intérêts, ou trouvera le moyen de le modifier pour échapper à ce danger.

## CHAPITRE V.

### Modes d'exploitation.

*Faire-valoir.* — Par cela même que la petite et la très-petite propriété se partagent la plus grande partie du territoire, la culture par le propriétaire lui-même doit être le régime dominant parmi les modes d'exploitation du sol dans le pays, et cela existe en effet. Mais ici, comme ailleurs, l'immixtion des propriétaires aisés ou même riches dans l'exploitation de leurs terres tend de plus en plus à se répandre. On pourrait assigner aux années qui suivirent 1815 le début de cette nouvelle direction donnée aux occupations d'un certain nombre d'hommes appartenant à une classe où elle ne se trouvait, si toutefois elle existait, qu'à titre d'infime exception. Les brusques changements survenus alors dans une foule de positions, le retour de beaucoup de militaires dans leurs foyers, produisirent cette innovation. Nos diverses révolutions politiques sont venues depuis, chacune à leur tour, amener de nouvelles recrues à cette nouvelle catégorie de cultivateurs qui, sans remuer la terre de leurs mains, ont cependant contribué aux perfectionnements des méthodes agronomiques.

Le sol qui constitue la moyenne et la grande propriété a donc aussi parfois ses maîtres adonnés au faire-valoir.

*Colonage.* — Le colonage à portion de fruits prend une large part dans l'exploitation de la terre, soit qu'il ne réunisse entre les mêmes mains qu'un petit nombre de petites parcelles, soit qu'il s'applique à des corps de domaines d'une plus ou moins grande étendue, de vingt, trente ou quarante hectares, par exemple, comme cela a lieu assez ordinairement, c'est-à-dire comportant le labourage que peuvent faire deux, trois ou quatre paires de bœufs ou de vaches.

On reconnaît généralement la nécessité de diviser les grands domaines, au lieu de former des réunions, afin de proportionner le travail à confier à chaque métayer aux ressources presque toujours trop restreintes de celui-ci. Ces ressources, en effet, sont assez ordinairement réduites à celles qu'il trouve dans les bras de sa famille, ses tendances le portant peu à s'en procurer d'autres, malgré les avantages qu'il pourrait y trouver le plus souvent. Mais par la faute, réciproque sans doute, des propriétaires et des métayers, il ne s'établit point entre eux un accord assez parfait de vues et d'intérêts, pour faire sortir de ce mode d'association les avantages qu'il semble contenir en germe. Les premiers croient avoir assez fait en apportant le sol et le cheptel ; et d'ailleurs beaucoup vivent à la ville, d'où ils ne pourraient veiller sur leurs intérêts, alors même qu'ils ne seraient pas à peu près étrangers aux saines notions en économie rurale. Les seconds semblent considérer comme excessive la part revenant aux maîtres dans les produits de leur propre travail ; ils ne font de celui-ci que tout juste la somme nécessaire pour pourvoir aux besoins de leurs familles, et leurs calculs à cet égard ne sont pas toujours assez exacts pour leur faire atteindre ce but. Aussi la condition du métayer est-elle assez généralement misérable, à moins que le propriétaire ne lui vienne alors en aide, et il le fait souvent.

Ce mode d'exploitation existait autrefois, même dans la partie de la région de la plaine où le sol est pourvu d'une bonne dose de fertilité naturelle. De nos jours, il y est à peu près remplacé par le fermage, qui coexiste cependant sur beaucoup de points avec le colonage parcellaire. Le métayage pour les corps de domaines se maintient au contraire partout ailleurs où les conditions de sol et de climat sont telles, que les produits de la culture ne sont pas assez assurés pour attirer les capitaux, ou pour déterminer les cultivateurs à contracter des engagements fixes en argent ou même en denrées qu'ils ne seraient pas assez sûrs de pouvoir remplir.

On peut cependant entrevoir le moment où le métayage perdra du terrain, même dans cette partie du département. La marne et la chaux commencent à être connues sur quelques points comme des moyens puissants d'amender les terres argileuses, granitiques ou argilo-siliceuses, et de les rendre propres à donner des récoltes d'une plus grande valeur et d'un succès plus certain. On commence à y connaître aussi les ressources qu'offre le lupin comme engrais vert, même après le chaulage et le marnage. On y apprécie surtout le trèfle, dont la réussite est assurée après l'emploi de ces calcaires. Ce sont là certainement deux bons éléments de transformation dans les habitudes agronomiques du pays, qui ne sauraient manquer de porter un jour leurs fruits.

En attendant, il serait désirable de voir se répandre le mode de colonage adopté par deux des membres les plus éminents de la Société d'agriculture, MM. Paul de Féligonde et de Lavaissière. L'un et l'autre dirigent en personne leurs cultures, et chaque année ils livrent à un grand nombre de paysans, leurs voisins, la sole qui vient de porter la prairie artificielle. Défrichée à la bêche pendant l'automne, cette sole est ensemencée, au mois de janvier ou de février, en froment d'Odessa. Propriétaires et colons trouvent un très-grand avantage à leur association, qui se renouvelle ainsi d'année en année, et répand l'aisance parmi ceux dont le travail forme l'apport, tout en servant parfaitement les intérêts des propriétaires. Si jamais les craintes que l'on manifeste déjà sur les résultats possibles

du morcellement des cultures doivent se réaliser, ce mode
d'exploitation sera certainement un des bons moyens d'y
remédier.

Malgré ce que nous avons dit des inconvénients du métayage tel qu'il est le plus souvent pratiqué, on remarque
cependant d'assez nombreux exemples de familles qui
l'ont compris de manière à y puiser le bien-être, et de
propriétaires qui ont su y contribuer sans compromettre
leur profit personnel. On pourrait donc considérer les tendances qui se manifestent chaque jour davantage parmi
ceux-ci à ne plus rester aussi étrangers qu'autrefois à l'art
agricole, comme préparant un meilleur avenir à la classe
des métayers.

Les domaines de la région des montagnes sont presque
tous cultivés par des métayers. Il en est de même, à peu
d'exceptions près, de ceux qui sont situés en terrain argilo-
siliceux et peu fertile. En général, le propriétaire, outre
son apport en terres, bâtiments et cheptel, fournit la
moitié de toutes les semences, du plâtre, si on en répand sur les prairies artificielles, très-souvent aussi une
partie du matériel agricole; et il reçoit la moitié de tous
les produits du sol, à l'exception du fourrage et des pailles,
invariablement destinés à être consommés dans le domaine;
il a sa moitié de tout le croît du bétail, soit que ce croît se
partage ou se vende, et il contribue dans la même proportion aux achats que ce cheptel nécessite. Le métayer paie
l'impôt, fournit à tous les frais de la culture, et transporte
chez le maître, même à la ville, sa part de tous les produits du domaine.

Il est assez d'usage de mettre les céréales en petites
meules (appelées plongeons, pignons) sur le champ même
qui les a produites. Leur rentrée dans les granges se fait
pendant l'automne. Si le propriétaire se charge du battage
de sa part, c'est alors le moment du partage. Mais il arrive

souvent que le métayer est tenu de livrer au propriétaire le grain battu, moyennant un prélèvement à son profit et à titre de salaire d'une quantité proportionnelle de ces grains. La proportion est variable selon l'espèce de ceux-ci, et se fixe aussi annuellement d'après la richesse de la récolte. Dans ce système, il y a lieu, au moment où l'on rentre les meules, à une opération nommée l'*épreuve* ; elle consiste à compter les gerbes par dizaines, et, après chaque dizaine, d'en mettre une sur un char destiné à recevoir toutes les onzièmes gerbes. Celles-là sont battues sous les yeux du propriétaire, qui sait ainsi quelle quantité de grains il devra recevoir, après déduction faite du prélèvement accordé au métayer pour le prix du battage.

Dans quelques communes de l'arrondissement d'Ambert, le propriétaire prélève le dixième des produits avant le partage.

Là comme ailleurs, lorsque le propriétaire renonce à sa part de lait, il stipule à son profit une redevance en beurre, fromage, œufs et volaille, proportionnée à l'importance du domaine.

Indépendamment des clauses qui se trouvent à peu près dans tous les baux à métairie, ceux de cet arrondissement en renferment quelques-unes qui tiennent à des usages locaux. Le métayer ne doit pas seulement au maître une moitié des produits ; il s'oblige à lui payer aussi un prix de ferme basé sur l'étendue et la qualité des prairies. Une propriété de quarante à cinquante hectares, avec une proportion convenable de terres et de prairies, est affermée de deux cents à trois cents francs. Cette somme est prélevée par le propriétaire, lors du compte qu'il fait une fois l'an avec son métayer, sur le produit du bétail, dont le prix lui est remis à chaque vente. Les pommes de terre ne sont pas partagées ; le propriétaire en reçoit une quantité fixée par le bail ; le reste doit être consommé dans le domaine par le ménage du métayer ou par le bétail. Le maître a droit à un des deux cochons qui doivent être engraissés et partagés; les autres, si l'on en engraisse un plus grand nombre, sont vendus, et le prix en est aussi partagé.

Le maître paie l'impôt et les réparations.

Dans le canton de Sauxillanges, le métayer fournit toutes les semences, et le propriétaire prélève, avant partage, une somme équivalente à l'impôt qu'il est tenu de porter au percepteur.

Dans ceux de Saint-Dier et de Saint-Germain-l'Herm, le métayer bat gratuitement la récolte du propriétaire.

Une coutume plus exorbitante existe dans le canton de Courpière. Le maître y a droit non-seulement à la moitié des fruits, mais encore à une redevance calculée sur la moitié du croît du bétail, dont il partage en outre la vente avec le métayer; à une autre somme représentative de l'impôt dont il demeure chargé; à la onzième ou à la douzième gerbe; enfin à autant de charrois qu'il en veut.

Si le propriétaire fait ainsi quelquefois, en vertu d'anciens usages respectés, des conditions un peu dures à son colon, celui-ci, à son tour, sait bien se créer abusivement des compensations. On en voit qui négligent leurs cultures, et se chargent, pour le compte de qui les paie, de transports ou de labourages plus ou moins fréquents.

Le maître ne perçoit rien du prix de ces travaux, qui exténuent son bétail, et pour lesquels on ne choisit pas toujours seulement les jours où ce même bétail ne pourrait pas être utilisé sur le domaine. Les propriétaires qui ne sont pas en position de pouvoir veiller à la conservation de leurs droits sont fort exposés à subir de pareils abus.

Il en est un d'un autre genre qui se produit quand les baux ne contiennent pas de suffisantes stipulations sur les assolements. Le métayer donne alors une extension excessive à ses semailles de céréales les dernières années de son bail, afin d'avoir le plus possible à récolter. Sans doute, le maître a sa part dans l'excédant des produits de cette récolte ; mais cela est sans profit réel pour lui, parce que le sol fatigué rend moins les années suivantes, et que le nouveau métayer, souffrant de cet état de choses et déjà peu pourvu d'avances, voit ses moyens d'action réduits d'autant.

La durée de ces baux, tantôt écrits, tantôt purement verbaux, est le plus souvent de trois à six ou neuf années. On commence cependant à en faire pour six à neuf ans, et même pour neuf années, mais ce sont encore là des exceptions.

Beaucoup de baux se continuent, on pourrait presque dire se perpétuent, par la tacite reconduction ; cela se voit même pour des baux d'un an, sous l'empire desquels des familles se sont maintenues, pendant plusieurs générations, sur un même domaine. De nos jours, l'accord entre le preneur et le bailleur porté jusqu'à ce point est plus rare qu'autrefois, et ces vieux contrats se rompent plus fréquemment.

La Saint-Martin (11 novembre) est, dans beaucoup de localités, l'époque où le bail expire. Dans ce cas, le métayer sortant doit faire tous les labours pour les grains à semer en automne, d'après l'assolement adopté, et il prend, l'année suivante, sa moitié de cette récolte, en grain seulement. Les pailles restent toutes au domaine et les fourrages aussi, à l'exception des regains, spécialement affectés avec le pâturage à la nourriture du bétail jusqu'au 11 novembre. Tel est le droit ; mais le métayer sortant, intéressé à voir porter le plus haut possible l'estimation de son bétail, soit pour avoir sa part dans la plus-value, s'il y en a une, soit pour éviter d'en parfaire la valeur, ce qui arriverait si celle-ci était inférieure à celle attribuée au cheptel par le bail, est trop souvent tenté de se servir frauduleusement du foin qui ne lui appartient pas, et trop souvent aussi réussit à le faire, en dépit des précautions prises contre lui.

Quelquefois le métayer est tenu seulement de rendre, à sa sortie, un cheptel égal pour le nombre, l'âge et la taille des animaux à celui qu'il a reçu.

Pour s'épargner l'ennui des débats auxquels peut donner lieu l'appréciation du cheptel dans l'un et l'autre cas, certains propriétaires substituent à leurs droits sur ce point le métayer entrant.

En outre des usages locaux dérogeant à la règle générale, que nous avons déjà mentionnés, il en existe d'autres pour le colonage parcellaire, notamment dans le canton de Vertaizon. Là, le propriétaire fournit toute la semence et le fumier, et prend les deux tiers des récoltes ; un tiers de la paille revient au colon, qui est tenu de livrer battue la part du maître en grain. Pour les vignes, le colon fait encore tous les travaux, et le propriétaire fournit les échalas et les engrais.

Les colonages parcellaires donnent lieu au prélèvement d'une dîme au profit du maître dans le canton de Billom, comme ailleurs cela se fait à l'égard de métayers exploitant des corps de domaines.

Nous indiquons, dans le chapitre XVI, d'autres conventions relatives aux droits respectifs des parties, lorsque des terrains sont donnés à colonage pour la culture des pommes de terre.

*Fermage.* — Le fermage en corps de domaine est un mode d'exploitation, à vrai dire, exceptionnel dans le département, quoique la plaine surtout en compte un assez grand nombre.

On est plutôt disposé à fractionner qu'à agrandir ceux

qui existent encore, soit pour en détacher des lambeaux qu'on livre au fermage parcellaire, soit pour profiter de la plus grande facilité qu'il y a à trouver des fermiers pour de petits domaines que pour de plus grands.

Neuf années sont considérées comme une longue durée pour un bail; bien peu la dépassent, si ce n'est pour des vignes. La société sucrière de Bourdon a innové en ne consentant à prendre des fermes que pour une jouissance de dix-huit ans. L'usage le plus répandu est de traiter pour trois, six ou neuf années, ou bien encore pour une durée de trois à six ou de six à neuf. De semblables stipulations sont exclusives de toute possibilité d'amélioration ; mais, comme on vient de le voir, on a commencé à y déroger ; la brèche est faite à d'anciennes coutumes, qui ne résisteront pas toujours à de plus saines idées sur le mutuel intérêt du preneur et du bailleur.

Comme dans le métayage, les domaines sont livrés avec leurs pailles, leurs fourrages, le cheptel, et même souvent avec les instruments et véhicules nécessaires. L'interdiction de détourner les fumiers et les pailles est le plus habituellement stipulée : la quantité de foin de tout genre que le fermier devra laisser en sortant l'est aussi. Il y a donc lieu, en fin de bail, à un exet pour tous ceux de ces objets qui peuvent être appréciés ou évalués, et à des restitutions ou compensations de la part de l'une ou de l'autre des parties, suivant qu'il y a insuffisance ou excédant.

Les appréciations relatives au mérite des cultures que le fermier sortant a dû faire pour laisser une partie du domaine dans l'état où il l'a prise en entrant, dans les cas où cette obligation existe pour lui, ne sont pas celles sur lesquelles il est le plus facile aux parties de se mettre d'accord.

Les baux prennent fin à diverses époques, suivant les usages des lieux. Auprès de Clermont, c'est au 1er mars

pour les prés, et après la récolte pour les champs ; dans
certaines localités de la montagne, au 25 mars ; dans d'autres de la plaine, au 25 septembre ou au 11 novembre.

Dans ce dernier cas, le fermier sortant devient colon
pour la sole de blés vifs (blés d'automne), qu'il sème avant
de se retirer, et qu'il moissonne et partage l'année suivante avec le bailleur, qui substitue le plus ordinairement
le fermier entrant à ses droits sur ce point, comme sur ce
qui concerne le cheptel, les fourrages et le matériel. Le
paiement de l'impôt foncier demeurant souvent une charge
du fermage, il se fait, dans le cas que nous venons d'examiner, et d'après des bases portées au bail, un partage
de celui de l'année où les deux fermiers ont chacun une
part des produits.

Cette coutume, on le devine, a pour but d'intéresser le
sortant à cultiver d'une manière convenable des champs qui,
le plus ordinairement, ont dû être ensemencés en blé avant
qu'il cède la place ; mais elle n'est pas sans inconvénients,
à cause des nombreux rapports qu'elle maintient pendant
trop longtemps entre deux personnes qui sont rarement
amies, rapports qui ne doivent cesser qu'après le battage
de ces grains, pour lesquels une place doit être réservée
dans les granges du domaine, pour lesquels aussi des
charrois sont dus.

Les trois modes de paiement du fermage en argent ou en
grains seulement, ou partie en argent et partie en grains,
existent. Le second est le moins usité. La proportion entre
les grains et l'argent, dans le dernier de ces trois systèmes,
n'a rien de régulier ; aucune coutume ne prévaut sur ce
point.

En outre de ces obligations principales, les fermiers
acceptent souvent celles de livrer des volailles, des œufs,
du beurre, d'entretenir certaines plantations, comme celles
qui se renouvellent avec des plançons pris dans le do-

maine même, et d'autres encore; de fournir des charrois et même des journées d'attelage pour les labours de la réserve du maître, qui est assez porté à s'en faire une quand il a son habitation sur la propriété.

Pour mieux assurer l'emploi exclusif des fumiers du domaine sur le domaine même, le bailleur oblige le preneur à s'interdire la culture de ses propres terres, s'il en possède dans le voisinage.

Mais une semblable clause devient impossible dans les cas si fréquents de fermage parcellaire. Les cultivateurs adonnés à ce genre d'industrie sont logés chez eux, ont leurs étables à vaches, leurs granges. Le fumier qu'ils emploient se fait chez eux; ils en disposent comme ils l'entendent; et comme, en général, ils sont plus ou moins propriétaires eux-mêmes, leurs champs n'en ont pas la moindre part, surtout vers la fin de la durée de leur bail.

Depuis longtemps, ce mode de fermage est devenu le plus profitable pour les propriétaires partout où le sol est fertile et la population nombreuse. Une pièce de terrain, même fatiguée par le fermier sortant, trouve toujours, dans de telles conditions, un nouveau preneur, souvent avec augmentation de prix; et cependant c'est pour de semblables locations que la durée des baux est généralement la plus courte. C'est là surtout que prévaut la coutume des conventions faites pour trois à six et neuf années, dont l'effet, en définitive, est de n'assurer au preneur qu'une jouissance de trois ans.

Pour les fermes parcellaires, beaucoup de baux sont purement verbaux, et les conditions en sont constatées par le livre où le bailleur les inscrit.

# CHAPITRE VI.

## Matériel agricole.

Le matériel aratoire est peu varié et fort incomplet. . Pour les labours proprement dits , on a la bêche et l'araire, c'est-à-dire à côté de l'outil le plus convenable pour remuer profondément la terre et la bien retourner, , l'instrument le moins propre à produire ce double résultat, , mais dont les défauts sont compensés jusqu'à un certain . point par l'emploi du premier.

Pour l'ameublissement de la surface d'un terrain la- - bouré, on se sert de la herse ou même d'une longue . et lourde planche sur ceux qui fusent aisément.

Le rouleau est à peu près inconnu, au moins du plus grand nombre.

Les binages s'exécutent, dans la plupart des localités, avec la pioche; dans les autres, avec le hoyau, appelé *feçou*.

La même simplicité se fait remarquer généralement dans les autres parties du matériel agricole. Les blés sont presque exclusivement coupés à la faucille, rarement à la faux, que l'on emploie assez souvent, au contraire, pour les orges et les avoines.

Les voitures de transport sont des chars à quatre roues et des tombereaux à deux roues, auxquels on n'attelle, pour ainsi dire, que des bœufs et des vaches, au moyen du joug double. Ces tombereaux portent les noms de *bar— celles* dans la plaine, et de *barrôts* dans la montagne.

Pour le battage des grains, on emploie le fléau sur l'aire de la grange. Le vannage se fait avec le van d'osier, et beaucoup aussi avec le tarare, depuis quelques années.

Une longue énumération des menus outils employés par les cultivateurs serait plus fastidieuse qu'intéressante; elle rappellerait ce qui se voit partout.

Nous venons d'indiquer l'état le plus général des habitudes des agriculteurs du Puy-de-Dôme en ce qui concerne les instruments et les outils à son usage. Mais nous ne serions pas dans le vrai si nous ne disions que cet état arriéré est en voie de se modifier. C'est ce que nous démontrerons après avoir repris un à un, pour les mieux signaler, la plupart des objets que nous venons d'indiquer.

*Bêche.* — La forme de la bêche varie suivant les sols où elle doit être employée. Pour les terrains légers, on la fait large, quelquefois toute en fer aciéré, sauf le manche; d'autres fois presque toute en bois avec une garniture en fer aciéré aussi pour la rendre plus tranchante et plus résistante. Celle que l'on destine aux terres fortes est, comme la première, presque entièrement en fer, mais d'autant plus étroite que le sol est plus lourd et plus difficile à pénétrer.

Le règne de celle-ci est bien près de finir. Après avoir longtemps rendu de précieux services, elle disparaît chaque jour de plus en plus devant la bêche à fourche à deux branches. La conformation de cette dernière n'est pas partout la même. Dans quelques localités, ses branches sont plus rapprochées entre elles que dans d'autres. Ici, leurs extrémités se terminent en forme de spatule tronquée; là elles sont pointues. Les avantages de cette bêche, à cause de la plus grande facilité que l'on a pour l'enfoncer dans la terre, sont tels que l'on peut prévoir le moment où elle sera employée partout où ce mérite ne sera pas effacé par le défaut de consistance du sol. La longueur des branches est de $0^m,40$.

*Araire.* — Cet instrument est encore tel qu'il a été

en usage depuis une longue série de siècles. L'innovation, quand il y en a eu, a consisté dans l'emploi d'un peu de fer pour préserver quelques parties d'un frottement qui les userait trop vite. Cet araire est à double versoir fixe, plus ou moins long, formant un angle plus ou moins ouvert, suivant la nature plus ou moins résistante du sol où il devra fonctionner, et agissant comme un coin plutôt qu'à la manière d'un véritable versoir. Il a un seul mancheron très-long, dit *étève*. Les pièces que, par analogie, nous pourrions nommer le sep et l'âge, sont réunies à tenon et mortaise, mais assez libres pour pouvoir se mouvoir de manière à être plus ou moins rapprochées suivant les besoins du labourage. Elles sont reliées l'une à l'autre, en un second point, au moyen de tiges de fer ou de bois qui les traversent; et qui, étant susceptibles de s'allonger et de se raccourcir, servent à varier la profondeur du labour. Cette pièce est comme une espèce d'étançon sur lequel l'âge peut s'abaisser et s'élever; on l'appelle *tende*, et on dit donner ou ôter de la tende pour donner ou ôter de l'entrure à l'araire.

Le fer est encore employé pour lier entre elles quelques parties qui en ont besoin, pour les boucles d'attelage et enfin pour ce qui tient lieu de soc et qu'on appelle la *reille*. Celle-ci, suivant la nature du sol où elle opère, est tantôt une barre carrée, mais pointue au bout, tantôt une barre plate dont l'extrémité est en forme de fer de flèche, ou coupée carrément, avec son bord antérieur tranchant, ou enfin en forme d'angle d'une faible ouverture. Cette pièce peut être facilement déplacée et portée en avant à mesure que la pointe agissante s'use. Des coins servent à la fixer à la partie de l'araire sur laquelle elle s'appuie, appelée *denteau*, et qui peut être considérée comme le sep.

Elle a donné probablement l'idée de la pointe du soc

de la charrue Armelin, remarqué et primé dans plusieurs expositions agricoles.

L'araire n'a jamais de coutre.

*Herse.* — Rien de plus primitif que la herse dont se servent beaucoup de paysans. Que l'on suppose deux pièces de bois de forme plus ou moins régulière, disposées parallèlement l'une à l'autre, assemblées par de courtes traverses et armées de dents en bois grossièrement taillées, tronquées par le bout et présentant en avant une espèce de tranchant; on aura une idée de cet instrument, sur lequel le point de tirage est pris au milieu de la longueur des barres principales de son bâti.

*Pioche.* — La largeur de cet outil varie beaucoup, suivant les exigences du terrain ou plutôt suivant les difficultés que la nature du sol peut apporter à son emploi. Le plus souvent il est simple et assez lourd. Quand il est à double tranchant, l'un étroit et l'autre un peu plus large, il est employé à des binages très-faciles.

*Hoyau* ou *Feçou.* — Son tranchant est en général large de $0^m,12$ à $0^m,15$ environ. Pour les terrains très-mélangés de pierres, on en fait qui se terminent en une longue pointe pour glisser plus facilement entre celles-ci et éviter mieux les obstacles. Malgré une courbure que l'on donne au manche près du point où il entre dans la douille, pour que ce manche forme avec l'outil un angle d'une certaine ouverture, le maniement du feçou oblige l'ouvrier à prendre une attitude courbée en avant qui exige chez lui une assez grande habitude pour n'être pas très-fatigant par ce seul fait.

*Char.* — L'avant-train est porté sur des roues assez basses pour qu'il puisse pivoter jusqu'à un certain point autour de la cheville qui le joint à la flèche de l'arrière-train. La cheville traverse la partie antérieure du *lit* en forme d'échelle qu'elle fixe ainsi à l'avant-train, tandis que la partie postérieure plus étroite de ce lit est réunie de la même manière au train de derrière.

Les ridelles ne sont pas adhérentes au lit; elles prennent leur appui sur la flèche, au moyen de palières, au nombre de deux pour chacune, dont l'une des extrémités pénètre dans une mortaise et l'autre porte, au moyen d'une cheville, sur la flèche; sur cette même flèche, s'appuient par un procédé analogue des morceaux de bois pointus par en haut, dépassant au moins d'un mètre les ridelles, contre lesquelles ils portent, et que l'on ajoute au nombre de deux, trois, quatre ou cinq de chaque côté pour contenir les chargements élevés. Les ridelles sont donc essentiellement mobiles; elles ont une position inclinée en dehors.

Pour assujétir les hautes charges, on se sert, dans la plaine d'une grosse corde, qui, attachée à l'avant-train, va s'enrouler au côté opposé, autour d'une espèce de petit treuil qui la tend. Cette corde est remplacée de diverses manières pour les chars de la montagne. Le système général consiste dans une longue perche dont l'une des extrémités passe entre les traverses d'une espèce d'échelle verticale ou dans des mortaises pratiquées dans une pièce de bois, verticale aussi, assujéties l'une et l'autre à la partie antérieure du char. L'office de cette perche est de comprimer le chargement parallèlement au lit. Dans ce but, un mode d'attache, variable suivant les lieux et agissant sur l'autre extrémité de la perche, rapproche celle-ci de l'arrière-train.

*Tombereau* dit *barcelle* dans la plaine et *barrot* dans la montagne. — Le tombereau dont nous parlons ici est celui auquel on attelle des bœufs ou des vaches, c'est-à-dire celui qui est à l'usage de presque tous nos cultivateurs. Il en est dont la caisse et le timon sont tout d'une pièce, et que l'on ne peut renverser en arrière pour les décharger qu'après les avoir dételés. D'autres sont à timon mobile, articulé avec la caisse, et peuvent être aisément basculés. On pourrait considérer ce véhicule aussi bien comme une charrette que comme un tombereau. Il remplit en effet ce double office, les côtés antérieur et postérieur de la caisse pouvant être à volonté posés et déplacés.

Cette caisse est profonde dans la *barcelle* et d'une capacité d'un demi-mètre cube environ. Celle du *barrot* est beaucoup moindre, sans doute à cause des difficultés qu'oppose à la circulation la déclivité des terrains sur lesquels on l'emploie. On remarque entre eux, sous le rapport de leur construction, les mêmes différences que présente le char de la plaine comparé à celui de la montagne.

Pour le tombereau à bœufs, de même que pour le char, le tirage se fait par le bout du timon, qui porte dans l'anneau du joug, où il est retenu par une cheville en fer et par une chaîne pour faciliter le recul.

*Joug.* — Suivant l'usage des lieux, le joug varie un peu de forme; la position qu'il occupe sur la tête varie aussi un peu; mais ces différences n'ont rien d'assez capital pour être décrites ici. Le fer y abonde plus ou moins pour le renforcer; quelquefois au contraire il manque tout-à-fait. Partout de longues courroies passant plusieurs fois soit sur le front et autour des cornes, soit autour des cornes seulement, le fixent à l'attelage; souvent un coussinet adoucit l'appui de cette courroie sur le front, et un émouchoir préserve en été des importunités des insectes la tête de chaque animal.

Quelques cultivateurs soigneux, dans un égal but de préservation, couvrent dans cette saison tout le corps du bœuf ou de la vache d'une toile garnie parfois d'un émouchoir sur les bords.

*Tarare.* — L'usage de cet instrument est devenu si général, même chez les paysans, que l'antique van n'est plus pour ainsi dire que son auxiliaire. Le bas prix auquel les constructeurs du pays le livrent n'a pas peu contribué à le propager promptement.

Le respect, trop grand peut-être, du cultivateur auvergnat pour la tradition en ce qui concerne les outils et les machines à son usage, s'explique et se justifie même jusqu'à un certain point. Dans les communes où le sol est riche, la population est nombreuse et travailleuse; on y fait un fréquent usage de la bêche. Or, l'espèce de défoncement produit par un labour exécuté avec cet outil, peut rendre suffisant pendant un ou deux ans après le travail de l'araire. Dans les sols pauvres, au contraire, la densité de la population est moindre, chaque homme y a une plus grande étendue à cultiver, et il se trouve en présence de deux obstacles : l'incertitude et le faible produit des récoltes, d'une part; de l'autre, l'abondance des mauvaises herbes vivaces, à racines ou branches traçantes (les chiendents, les agrostis, les renoncules, lierres terrestres, millefeuilles, etc., etc). La bêche ne pouvant y être employée qu'à de longs intervalles, des labours superficiels, moins propres à favoriser la propagation de ces mauvaises plantes que de plus profonds faits avec la charrue, et donnant plus de facilités pour les extirper, ont là en quelque sorte leur raison de l'être.

Nous ne prétendons pas dire pour cela qu'il n'y ait rien de mieux à faire. Nous ne le pourrions d'ailleurs sans nous mettre en contradiction avec les faits. Ceux qu'il nous reste à exposer affaibliront la teinte trop sombre dont nous venons de charger notre tableau, qui n'est vrai qu'en ce qu'il représente les habitudes du cultivateur dans leur généralité.

Passons maintenant aux exceptions.

*Charrue.* — L'apparition de cet instrument date d'une

quarantaine d'années au moins. Celle de Guillaume, à avant-train, fut une des premières à se montrer chez nous. La charrue-araire de Dombasle la suivit de près, s'il n'est pas vrai de dire qu'elle arriva en même temps. La charrue Rosé, du même système, quoique un peu différente dans ses détails, s'est beaucoup propagée dans les localités où le sol n'a pas trop de ténacité, et y rend de précieux services.

Il existe dans le pays plusieurs constructeurs de charrues de ces deux systèmes. Les fonderies de Nevers leur fournissent toutes les parties en fonte, et ils font eux-mêmes les autres. Cette exploitation locale de deux inventions tombées dans le domaine public a fait descendre à un chiffre acceptable par les petits cultivateurs eux-mêmes le prix de ces charrues (trente-trois francs pour la Rosé, quarante-cinq francs pour la Dombasle), et n'a pas peu contribué à en vulgariser l'emploi. Il faut attribuer une influence analogue aux efforts de plusieurs personnes du département, qui avaient plus ou moins heureusement modifié des charrues déjà connues, avant que chacun pût légitimement copier des inventions restées encore alors la propriété exclusive de leurs auteurs.

La préférence accordée généralement aux charrues sans roues a probablement pour motif principal leur prix moins élevé; on en voit cependant quelques-unes à avant-train.

Parmi celles-ci, nous devons une mention particulière à celle de M. Pardoux, mécanicien à Randan (Puy-de-Dôme). Elle est toute en fer. Malgré l'éloge qu'en ont fait plusieurs personnes après s'en être servies, elle est encore assez peu répandue, sans doute à cause de son prix élevé (125 fr.). Le même constructeur fait une charrue à deux corps superposés, pour les labours à plat. L'idée n'en est pas nouvelle, mais le système adopté par lui pour fixer solidement la partie mobile à celle qui ne change pas de position, et afin de rendre facile la manœuvre ayant pour but de mettre en action tantôt un des corps de charrue, tantôt l'autre, ce système, disons-nous, est simple et d'une ingénieuse composition. Peut-être est-il fâcheux que les deux instruments de M. Pardoux n'aient pas été soumis à des épreuves sur le terrain lors de l'exposition universelle où elles ont figuré. La deuxième avait obtenu une médaille d'or au concours régional de Clermont, en 1855, après avoir été essayée par le jury.

*Herse.* — La herse à dents de fer tend à se substituer à celle si défectueuse que nous avons déjà décrite. Tantôt c'est cette même herse un peu mieux construite, et chez laquelle le fer rond ou carré a remplacé le bois dans la confection des dents; tantôt c'est un grand triangle armé de dents puissantes sur tous ses côtés et ses traverses intérieures, dont le crochet d'attelage est à l'un des angles; tantôt c'est un trapèze; d'autres fois c'est la herse Valcourt.

*Binette.* — Les sucreries ont adopté cet outil pour la culture en lignes de leurs betteraves; de là elle s'est répandue dans leurs voisinages, où elle semble appelée à remplacer le *fecou*, dont la manœuvre produit plus de fatigue sans donner un travail plus prompt ni meilleur.

*Machine à battre.* — Le nombre en est encore très-petit. La première, peut-être, fut établie par M. de Rigny, dans sa terre de Palerne, il y a une trentaine d'années. Elle était du système dit écossais, et mue par une chute d'eau. Depuis quelques années, il en a été monté d'autres mues de la même manière, ou par des manèges, ou encore à bras. Parmi les premières, il en est qui rendent le blé tout vanné. Enfin, plus récemment encore quelques machines locomobiles à vapeur ont parcouru quelques localités, où elles ont trouvé de l'emploi.

Il est probable que des batteuses facilement transpor-
tables, mais ayant pour force motrice des chevaux ou des
bœufs, auraient plus de succès, quoique moins expédi-
tives. Une extrême promptitude dans le battage n'est pas
très-nécessaire dans un pays où il n'y a pas des très-vastes
domaines. On trouverait partout du bétail à y atteler dans
un temps où il chôme souvent, et on échapperait à l'inconvénient, qui est aussi très-souvent une grave difficulté pour
l'emploi de certaines batteuses à vapeur, de réunir à jour
fixe de très-nombreux ouvriers.

Les extirpateurs, scarificateurs, rouleaux puissants, houes
à cheval, etc., peuvent exister dans quelques exploitations,
mais très-exceptionnellement.

Les moissonneuses, faucheuses, râteaux mécaniques,
n'ont point encore paru.

Le semoir Hugues fut essayé par les soins de l'administration préfectorale, à l'époque où il eut une certaine
célébrité (vers 1840). Peu de personnes se souviennent aujourd'hui de l'avoir vu.

## CHAPITRE VII.

### Engrais.

On a souvent reproché aux agriculteurs de traiter leurs fumiers avec une négligence déplorable, comme si la bonne qualité des engrais et l'abondance des fumiers n'étaient pas les meilleures bases d'une agriculture lucrative. Ce blâme, un bien petit nombre de nos cultivateurs cherchent à ne pas l'encourir; et cependant, si dans notre riche plaine cette incurie est exempte de trop funestes conséquences, à cause de la fertilité du sol, de l'efficacité des engrais verts, de la grande abondance des pailles pour litière et de l'influence des prairies artificielles, la situation d'une grande partie du département serait loin de se montrer aussi peu exigeante sous le rapport des soins à donner aux fumiers. Partout, dans cette dernière région, ils sont dans une proportion infiniment inférieure aux besoins d'une terre de fertilité tantôt médiocre, tantôt presque nulle.

La méthode la plus ordinaire de préparer les fumiers est de les mettre en tas non loin de l'étable, et sans aucun souci de la forme que peut avoir l'emplacement sur lequel on le dépose. Les bords du tas sont façonnés avec des pelotes restant telles que le croc de l'ouvrier les a faites pour les tirer hors de l'étable; la litière est ainsi tordue de manière à ramener à l'intérieur presque toutes les extrémités des pailles. Cette manière d'opérer serait assez propre à empêcher l'air de pénétrer dans la masse, si elle se complétait par un tassement parfait de ces pelotes, aidé de fréquents arrosements de purin, pour combler leurs interstices; mais ces précautions sont habituellement négligées.

On ne fait rien pour recueillir les liquides s'échappant soit des tas de fumier soit des étables et écuries, encore moins pour les utiliser. Il n'est donc pas rare de voir le *blanc* se manifester au moins parmi les pelotes intérieures, à la faveur des vides. .

Des fosses pour le dépôt des fumiers sont préférées dans quelques communes, mais ils n'y sont pas mieux traités pour cela. La partie inférieure de la masse trempe dans le liquide et s'y délave, tandis que le haut se dessèche. Un petit creux pratiqué en contre-bas du fond de la fosse remédierait à ce mal et rendrait faciles d'utiles arrosements, mais on s'en dispense.

Sur ce point, comme sur beaucoup d'autres, nous avons à mentionner des exceptions après avoir exposé des généralités. L'avantage que l'on trouve à rendre imperméable la place réservée au tas de fumier, à attirer en un point où ils puissent s'accumuler les liquides qui en découlent et à les ramener de temps en temps sur ce tas, n'est pas complètement méconnu et négligé. On voit des cultivateurs choisir des emplacements où le soleil ne puisse jamais exercer son action desséchante, d'autres couvrir leurs fumiers. Quelques bons exemples sont donnés, ils finiront sans doute par être appréciés ; notre agriculture est lente au progrès, mais non absolument rebelle.

L'exploitation de M. de Lavaissière aux Rattiers présente un mode d'aménagement des fumiers qui pourrait être adopté partout où il existe, comme là, des pentes un peu fortes. Une coupure est faite dans le terrain, que l'on soutient au moyen de trois murailles, le quatrième côté étant fermé de la même manière. On a ainsi une fosse profonde dans laquelle le fumier est jeté d'en haut. Une porte est pratiquée dans le bas d'un des murs pour le chargement des voitures. Le système se complète au moyen d'une fosse à purin et d'une couverture formée de branchages rangés sur des poutres dont les extrémités s'appuient sur le haut de deux des murs. Cet abri a été jugé suffisant pour amortir les ardeurs du soleil et pour la bonne conservation du fumier.

Il n'y a pas de règle bien fixe sur le degré de fermentation que le fumier doit avoir atteint avant d'être employé. Bien peu le laissent parvenir à l'état de décomposition complète ou de *beurre noir*; et quand cela arrive, c'est plutôt par la force des circonstances qu'en vertu d'un système dont on suit la loi.

La méthode la plus générale, même lorsqu'on peut avoir l'emploi immédiat du fumier, est de le laisser en tas pendant quelques semaines; mais assez souvent on est obligé de le maintenir plus longtemps en cet état, par exemple dans la mauvaise saison ou bien lorsque tous les champs sont couverts de récoltes, sur lesquelles on ne trouve pas utile de l'employer en couverture.

Pour les terres fortes, et surtout lorsque l'enfouissement doit se faire avec la bêche, on le conduit assez volontiers sur les champs peu de temps après l'avoir sorti des étables.

Nous ne croyons pas pouvoir indiquer d'une manière suffisamment approximative les quantités de fumier que, suivant les localités, on juge nécessaires pour engraisser un hectare de terre. D'une part, l'extrême division des cultures compliquerait singulièrement la question, puisqu'il faudrait rassembler bien des faits pour en dégager des moyennes; ensuite, aucune exploitation ne possède des moyens de pesage pour des masses aussi lourdes. On manquerait donc d'éléments pour apprécier le poids des quantités employées.

Fallait-il évaluer les fumures par le nombre des charges de voitures dont elles se composent? Ce moyen serait bien incertain aussi, les voitures étant de capacités très-diverses, et d'ailleurs le volume du fumier variant beaucoup suivant le degré de décomposition où il est parvenu.

Enfin, et cette raison nous dispenserait de toute autre, les cultivateurs ne tiennent aucune des notes qui pourraient jeter de la lumière sur ce sujet.

Nous pouvons seulement attester la rareté des fortes fumures, et dire que les localités où le besoin s'en ferait le plus sentir sont celles qui reconnaissent le moins cette nécessité. C'est précisément sur les domaines en mauvaise terre que le tas de fumier est le plus mince, et cependant on s'y fait une loi rigoureuse de fumer chaque année une étendue déterminée. Aussi, pour ne pas l'enfreindre, au risque de n'obtenir que des récoltes sans proportion avec son travail, ses charges et ses risques, le cultivateur se résigne-t-il à éparpiller sur une grande surface ce qui, concentré sur une moindre étendue, donnerait un produit égal avec moins de frais.

Les gens qui agissent de cette façon semblent s'être chargés de faire eux-mêmes la critique de leur méthode ; ils ne disent pas fumer, mais *fumeter* un champ, exprimant ainsi que leur opération est un diminutif de celle qu'ils devraient faire.

Est-il étonnant qu'il faille, dans toutes les communes où la terre est peu ou point fertile, renouveler de semblables fumures au moins tous les deux ans? Sur les sols meilleurs, et avec des fumures beaucoup plus fortes, mais aussi pour obtenir de bien meilleures récoltes, on ne compte guère que sur une durée de trois ou quatre ans au plus.

On ne paraît pas assez généralement pénétré de la nécessité d'abréger le temps pendant lequel le fumier reste en petits tas sur le champ avant d'y être répandu ; aussi voit-on trop souvent de ces tas brûlés par le soleil ou lavés par les pluies. L'épandage qui se fait avec les mains est le plus régulier, mais il n'est usité que dans quelques lo--

calités de la montagne; partout ailleurs il s'exécute avec la fourche.

L'insuffisance des pailles est presque toujours grande dans les montagnes, mais le cultivateur sait souvent y suppléer, du moins en partie, en mettant à profit les genêts, fougères et bruyères, produits spontanés de son sol et dont il fait des litières.

Cette ressource n'existant pas partout, certaines communes, comme celles de Mazoires, Anzat-le-Luguet, Saint-Alyre, la Godivelle, d'autres encore peut-être, laissent leur bétail sans litière (1). Ne serait-ce pas dans de telles situations que de la terre sèche pourrait, avec de très-grands avantages, être mise sous le bétail dans le double but de lui procurer un coucher meilleur et de faciliter l'enlèvement et la distribution de l'engrais?

Des essais se font sur d'autres points du département pour l'emploi des litières terreuses. Peut-être réagiront-ils un jour sur ces communes, riches en bétail, mais déshéritées sous d'autres rapports.

*Fumier de cheval.* — A l'exception du voisinage des villes grandes et petites, et en particulier de Clermont, Riom et Billom, occupées chacune par quelques escadrons de cavalerie, le fumier de cheval n'est guère employé en quantité un peu notable que dans les quelques localités du grand vignoble où cet animal a fini par supplanter le bœuf et la vache dans les travaux de la culture. A Clermont, à cause de son abondance et des faibles besoins de sa banlieue immédiate, son prix (il ne coûte guère que trois francs le mètre cube), est assez peu élevé pour que des cultivateurs d'un voisinage moins direct viennent s'y approvisionner de cet excellent engrais. Des fermiers, trouvant avantage à le faire, en chargent leurs voitures qui ont amené la paille et

(1) A la Godivelle, une partie des déjections des vaches est séchée pour servir de combustible.

le foin par eux vendus à la ville. Des montagnards des communes peu éloignées se livrent à une opération analogue. Ceux-là conduisent des fragments de lave pour les constructions, ou des fagots de genêts et de bruyères pour les boulangers, et au retour ils emmènent des chargements de fumier de cheval.

*Fumier de bœuf et de vache.* — L'espèce bovine est de tous nos animaux domestiques celle qui fournit le plus d'engrais à l'agriculture du département. Le contingent des autres espèces dans ce rôle essentiel est relativement très-faible. Ce que nous avons dit au début de ce chapitre sur la manière de traiter et d'employer les fumiers s'applique donc plus spécialement à celui dont nous nous occupons ici qu'à tout autre. Ajoutons cependant que nulle part le curage des étables n'est une opération de chaque jour, et que les plus fréquents se renouvellent une fois par semaine, tandis que de nouvelles litières sont journellement mises sous le bétail. Cet usage expliquerait celui que l'on observe généralement de laisser le fumier en tas pendant quelque temps avant de s'en servir. Sans cette précaution, en effet, la litière serait très-inégalement imprégnée des déjections animales au moment de son transport sur les champs.

*Fumier de mouton.* — *Parcage.* — Il a fallu des circonstances bien impérieuses pour porter un si grand nombre de nos cultivateurs à renoncer au fumier de mouton ou à restreindre son emploi, car tout le monde reconnaît l'excellence de ses effets. Nous avons dit ailleurs quelles causes ont amené une réduction considérable de cette espèce de bétail.

Pour les bergeries, l'enlèvement des fumiers se fait plus rarement encore que pour les étables à vaches, trois ou quatre fois seulement par an, tantôt pour être mis en tas, pendant un petit nombre de jours seulement à cause de sa trop grande tendance à entrer promptement en fermenta-

tion, tantôt pour être conduit immédiatement sur le terrain
qu'il doit fertiliser. L'usage le plus général est de ne pas
le mélanger avec d'autres fumiers.

Le parcage a été très-utilisé autrefois dans la Limagne,
d'où il tend à disparaître maintenant. Les choses en sont
déjà venues à ce point, que dans plusieurs communes aucun propriétaire ne serait en mesure de tenir un parc avec
son seul troupeau. Il a fallu en conséquence recourir à l'association pour se soustraire à l'obligation où l'on allait se
trouver de renoncer à ce mode de fumure. On a alors un
berger commun pour plusieurs petits troupeaux, et le nombre des nuits de parcage est distribué entre les associés au
prorata de celui des bêtes qu'ils possèdent. Ailleurs, le
berger se charge de réunir en un seul troupeau les moutons possédés par un plus ou moins grand nombre de propriétaires et de traiter avec des cultivateurs pour leur fournir le parc pendant un nombre de nuits et pour un prix
déterminés.

La montagne aussi connaît l'usage du parc, mais il y est
en décroissance sur quelques points, tandis que sur d'autres il n'a subi encore aucune atteinte. On le remarque jusqu'à d'assez grandes hauteurs dans les arrondissements de
Riom, Clermont, Issoire et Ambert. Dans les parties élevées, l'emploi s'en fait aussi bien sur les prés secs que sur
les terres en labour, et quelquefois on y réunit des bœufs
et des génisses (mais non les vaches laitières) aux moutons,
comme dans le canton de Saint-Germain-l'Herm.

L'arrondissement de Thiers, au contraire, à l'exception
de quelques parties des cantons de Maringues et de Lezoux,
s'abstient du parcage, tant dans la plaine que dans la montagne. Sur les autres parties de ces deux cantons et sur quelques-unes de ceux de Courpière, Thiers et Châteldon, les
moutons sont trop exposés à la cachexie aqueuse dans les
temps de pluie, alors même qu'on les ramène tous les soirs

à l'étable, pour qu'il n'y ait pas de graves inconvénients à leur faire passer les nuits dehors. On sait que des essais de parcage ont mal réussi, mais sans pouvoir dire si l'insuccès s'est manifesté à l'égard des bêtes ou des champs seulement ou pour tous les deux ensemble.

*Fumier de cochon.* — Beaucoup de personnes emploient cet engrais, parce que beaucoup nourrissent des porcs, mais pour chacune la quantité dont elle dispose est petite. Celles qui ont des vaches, mélangent ces deux fumiers dans un même tas.

*Colombine et poulaine.* — L'une et l'autre sont fort estimées des cultivateurs; la première surtout est très-recherchée pour les vignes et les chènevières. Quelques personnes prétendent les avoir employées avec beaucoup de succès pour les pommes de terre.

*Fumiers de rues.* — Sous cette dénomination nous comprenons deux espèces d'engrais. L'un est celui que l'on recueille en vertu des arrêtés municipaux sur le balayage, dans toutes les villes où cette mesure de police s'exécute; et il en est bien peu, même parmi les plus petites, où l'enlèvement des boues et immondices de tout genre ne s'opère pas périodiquement. L'emploi s'en fait exclusivement auprès des villes où on les ramasse. Il n'est pas une seule d'entre elles qui en tire un profit; toutes, au contraire, sont obligées de payer leurs boueurs.

L'autre fumier est un mélange de ces mêmes matières avec de la paille, des herbes et feuilles sèches que les habitants, protégés par un vieil usage que les maires ne croient pas toujours devoir abolir, étendent sur le sol des rues de certains villages, comme cela se faisait aussi naguère dans quelques-unes de nos villes. Quand on juge ces pailles, herbes et feuilles suffisamment broyées et imprégnées, on les relève en tas, sauf à recommencer l'opération si le temps est favorable, c'est-à-dire humide. Cette manière de se procurer de l'engrais est une ressource d'une certaine valeur pour de petits cultivateurs ayant peu ou même point de bétail. Cette considération est probablement toute puissante dans l'esprit de beaucoup de maires, pour les porter à respecter une coutume abusive au point de vue de la propreté, de l'hygiène et de la facilité de la circulation, et quoiqu'elle ne se maintienne pas toujours exclusivement au profit de la classe de cultivateurs dont nous venons de parler.

*Engrais verts.* — Dans cette catégorie nous devons ranger le trèfle et le sainfoin, déjà cités pour leur utilité sous ce rapport; mais c'est surtout le sainfoin que l'on peut, dans beaucoup de cas, qualifier d'engrais, car c'est bien souvent (par exemple pour préparer un terrain destiné à être replanté en vigne ou pour rétablir certains champs épuisés), c'est bien souvent, disons-nous, plus encore pour profiter de sa vertu directement fertilisante qu'en vue du fourrage qu'on le sème.

La Limagne a depuis longtemps déjà appris à parer à l'insuffisance des fumiers au moyen de l'enfouissement des vesces, des pois et des féverolles. Les variétés de printemps sont préférées pour cet usage. S'il fallait donner une preuve de l'importance que l'on attache à ce mode de fumure, nous dirions que son emploi a résisté à la hausse énorme qui s'est faite en 1858 et 1859 sur le prix des graines de ces plantes. Nous n'affirmerons pas sans doute qu'on en ait semé autant que lorsqu'elles coûtaient moitié moins; mais nous nous croyons fondés à faire cette remarque, qu'une coutume est bien vivace quand elle résiste à de semblables épreuves.

Les vesces, pois et féverolles destinés à servir d'engrais sont semés sur chaumes rompus, immédiatement après la moisson; l'enfouissement se fait dès l'automne ou pendant l'hiver, le plus ordinairement par un labour à la bêche.

Ces plantes ne sont pas absolument confinées sur les terrains argilo-calcaires de la Limagne. Avec l'aide du plâtre, on les fait réussir sur des sols d'une autre nature ; mais quelques cantons de cette dernière catégorie, ceux de Thiers, Châteldon, Lezoux, Courpière, Saint-Dier, Arlanc, par exemple, ont trouvé dans le lupin blanc un moyen de suppléer avec succès à ces autres légumineuses, dont la culture leur était en quelque sorte interdite.

L'introduction du lupin ne remonte guère au-delà d'une vingtaine d'années ; mais il a déjà assez bien fait ses preuves d'excellence pour que les semis en aient été seulement un peu réduits, mais non abandonnés, lorsque pour lui aussi le prix de la graine a été à peu près doublé. C'est ce qui est arrivé depuis deux ans, sans doute par suite de l'influence fâcheuse exercée par une trop longue sécheresse sur la récolte de cette graine.

Le pays ne produit qu'une très-petite partie de celle qu'il emploie. Le reste est tiré de Lyon.

Lorsqu'on le cultive pour en obtenir de la graine, on le sème dès le commencement d'avril. Il faut un été sec et chaud, pour que les gousses de la troisième floraison mûrissent parfaitement sur pied. Dans des conditions moins favorables, l'automne arrive avant cette maturité, qui s'achève cependant, si l'on réussit à bien faire sécher les tiges. Ses gousses très-épaisses abandonnent lentement leur eau de végétation.

Dans la culture du lupin pour engrais, les semis se font à la fin de juin ou dans la première quinzaine de juillet. A cette époque, quelques champs de seigle sont déjà moissonnés, et l'on pourrait y semer le lupin et fumer ainsi la terre pour le seigle de mars que l'on fait assez souvent succéder à celui d'automne. Telle n'est pas cependant la coutume. On le met plutôt dans la jachère, qui occupe encore une certaine place dans les assolements auxquels sont soumis ces mauvais terrains.

Tout mauvais qu'ils sont, ils conviennent parfaitement à cette plante, qui acquiert, dans les années favorables, une hauteur d'un mètre et même plus.

La graine est jetée à la volée sur un terrain préparé par plusieurs labours et doit être très-peu couverte. Les grains qui restent à la surface ne sont pas perdus pour cela ; aucun animal ne s'en nourrit, et, à la première pluie, leurs radicules se développant, leurs cotylédons sortant de l'enveloppe, la plante s'installe et bientôt grandit.

Ce qu'elle redoute surtout alors, c'est une humidité stagnante ; aussi prend-on la précaution, partout où cela est nécessaire, d'ouvrir des raies égouttières que l'on doit surveiller avec soin.

La semaille d'un hectare emploie d'un hectolitre six dixièmes à deux hectolitres de graine. Dans ces conditions, les plantes couvrent bien la terre et produisent une bonne fumure. Le prix de l'hectolitre, qui avait été longtemps de seize à dix-sept francs, est monté jusqu'à trente francs en 1858 et 1859.

Les agronomes conseillent généralement d'enfouir les plantes cultivées pour engrais verts avant que les graines se forment. Le lupin ne se prête pas à cette règle. A peine a-t-il atteint une hauteur de vingt-cinq à trente centimètres, qu'une première floraison se montre. De la base du thyrse qu'elle forme, partent trois branches qui bientôt seront terminées chacune par un second groupe de fleurs. Cette seconde floraison donne lieu à un phénomène semblable à celui dont la première a été accompagnée. Le moment d'enfouir est arrivé quand des fleurs de troisième ordre ont paru. Mais alors de grosses gousses ont remplacé les premières fleurs ; aux secondes ont succédé d'autres gousses un peu moindres, toutes tendres et gorgées d'eau. Evidemment on obtiendrait une fumure incomplète, insignifiante, si l'on n'attendait pas jusque-là pour mettre le lupin en terre.

C'est la charrue Dombasle ou Rosé qui sert pour cette opération. Si les tiges ont atteint un développement ordinaire, c'est-à-dire une hauteur totale de quatre-vingts centimètres à un mètre environ, on réussit à les coucher dans la raie ouverte par un précédent trait de charrue, en appuyant sur l'âge un bâton que peut tenir un enfant ou qu'on y attache de manière à ce que, gardant une position inclinée vers la terre, il fasse un angle avec cet âge, et courbe les plantes que le versoir couvre aussitôt avec la bande de terre qu'il retourne. Dans quelques localités, le bâton est remplacé par une petite tige de fer fixée dans l'âge à trente centimètres de l'étançon de devant et se terminant à vingt centimètres de l'âge en un crochet à angle droit dont la pointe est tournée vers la terre. Cette pièce de fer forme un angle pareil avec l'âge.

Lorsque les plantes ont acquis un développement très-considérable, quelques personnes les font couper à coups de faulx ou de faucille en deux ou trois tronçons, pour rendre l'enfouissement plus facile.

Les semences de seigle ou de froment répandues à la volée sur les champs ainsi fumés sont recouvertes, soit par l'action d'une lourde planche traînée en travers sur le labour dont elle abat les arêtes, soit par de légers hersages, soit encore par un labour peu profond avec l'araire du pays, qui ne déplace qu'un petit nombre des tiges précédemment enfouies.

Cette fumure, même la mieux réussie, n'a d'action que sur une seule, ou tout au plus deux récoltes, un seigle suivi d'une avoine, et son effet ne commence à se manifester qu'après l'hiver, c'est-à-dire lorsque probablement la décomposition s'accomplit. A ce moment, la céréale, restée souvent languissante jusque-là, acquiert tout-à-coup une vigueur remarquable qu'elle conserve jusqu'à la moisson.

On a dit que le lupin blanc s'accommodait mal des terrains, même non calcaires de leur nature, mais soumis au chaulage ou au marnage. L'exactitude de cette assertion ne ressort pas de ce que l'on a observé dans le département. Nous avons vu des terrains argilo-siliceux (mais un peu ferrugineux aussi à la vérité), marnés à la dose de 40 à 50 mètres cubes par hectare, se couvrir de lupins atteignant la hauteur maximum que nous avons indiquée plus haut.

Le *lupin jaune* a été essayé aussi sur les mêmes sols après et avant le marnage. Sa réussite a été très-médiocre, et par conséquent bien inférieure à celle que les Allemands se félicitent d'en obtenir. Cette espèce, se garnissant de nombreuses ramifications sur le collet, serait peut-être apte à fournir beaucoup d'engrais en restant moins élevée que sa congénère ; peut-être aussi se développerait-elle mieux dans des années moins défavorables que les deux dernières. Mais nous ne devons constater ici que les observations recueillies jusqu'à présent. A ce titre, nous pouvons ajouter incidemment que des moutons bien nourris, il est vrai, introduits dans des champs ensemencés en lupins jaunes, ne daignaient pas y toucher et broutaient cependant quelques herbes venues sous le couvert de ces lupins.

*Engrais du commerce. — Os en poudre.* — L'emploi des os pulvérisés pour engrais est un des traits caractéristiques de l'agriculture d'une petite partie du département du Puy-de-Dôme ayant Thiers pour centre. Cette pratique y est d'une très-grande ancienneté ; aucune tradition ne vient aider à déterminer l'époque où elle s'est établie, mais il est permis de penser qu'elle a eu pour cause première la fabrique de coutellerie fort ancienne dans cette ville. On peut croire que les résidus du sciage des os, qui servaient alors comme aujourd'hui pour faire des manches de couteaux, ont d'abord été reconnus propres à servir pour engrais et ont dû donner l'idée de pulvériser pour le même usage les os ou portions d'os que les couteliers ne pouvaient utiliser.

Quoi qu'il en soit, les cantons de Thiers, Châteldon, Saint-Remy, Courpière et Lezoux, sont à peu près les seules localités où l'on fume les terres et les prés avec cet engrais.

Les observations des agriculteurs les ont portés à reconnaître entre les os des différences de qualités assez grandes pour en motiver aussi dans les prix et dans les quantités nécessaires pour obtenir un même degré de fumure. Ainsi, ils accordent une préférence marquée : 1° aux têtes des os longs détachées et rejetées par les scieurs de manches et qu'ils appellent *boulaques*; 2° aux os non dégraissés ni desséchés. La crainte d'être trompés sur la qualité de la poudre les porte souvent à acheter eux-mêmes les os et à les faire moudre sous leur surveillance. Cette précaution est d'ailleurs commandée aussi par la crainte de mélanges plus blâmables encore que ceux de diverses natures d'os, que pourraient se permettre quelques marchands peu scrupuleux. Elle l'est en outre par l'usage qui commence à s'introduire à Thiers de traiter les os en vue d'une spéculation spéciale sur la graisse qu'on en retire.

Plusieurs usines existent pour la réduction des os en poudre; elles forment des annexes à des moulins fariniers dont cette fabrication n'entrave pas la marche. Leur outillage est des plus simples : il consiste en un système de râpes faisant corps avec l'arbre de la roue motrice et en un bâti en bois dressé au-dessus de cette râpe. Une forte pièce de bois disposée horizontalement et très-rapprochée de celle-ci est percée d'outre en outre d'un trou de forme carrée, et dont chacun des côtés mesure environ vingt centimètres. Cette capacité est destinée à recevoir les os que l'on veut moudre. Pour les appuyer sur la râpe, afin qu'elle ait prise sur eux, on les comprime au moyen d'un petit cube de bois assujéti à un long levier, en bois aussi, sur l'une des extrémités duquel un ou deux hommes exercent une forte pression. La poudre est reçue dans un réservoir inférieur.

Les doses usitées varient de 450 à 850 kilogrammes par hectare tant pour les champs que pour les prés. Leur action ne dure pas au-delà de deux ans sur les terres en culture; elle est de trois, quatre et même cinq années sur les prés. Elle se produit en terrain argileux comme en sol siliceux, et même sur les défrichements de bruyères; c'est surtout dans ces dernières conditions que les montagnards ont le plus souvent à employer cet engrais.

Les prairies très-humides, tourbeuses même, sont celles qu'il améliore le mieux sous le double rapport de la quantité et de la qualité du foin. Il fait développer d'une manière remarquable les légumineuses jusque-là dominées par de mauvaises plantes marécageuses, qui reprennent à leur tour le dessus quand la poussière d'os est épuisée. Beaucoup d'agriculteurs considèrent qu'une assez forte dose d'humidité est nécessaire dans le sol pour favoriser son influence sur la végétation. Une condition de rigueur pour en obtenir de l'effet sur les prés l'année même de la fumure, c'est de ne pas laisser passer le mois de janvier sans la répandre. Pour les céréales, on l'emploie au moment de la semaille.

Quelques faits tendraient à démontrer la possibilité de maintenir pendant longtemps un champ en bon état de fertilité sans y employer d'autre engrais que de la poussière d'os. Nous en citerons deux, qui se sont produits dans des circonstances très-différentes l'un de l'autre : le premier, dans la culture d'un terrain argileux et humide; le second, dans celle d'un terrain, autrefois communal, qui avait été longtemps couvert de bruyères. Il y avait d'ailleurs analogie entre les deux cas, à d'autres égards : l'emploi des os avait été exclusif de tout autre pendant vingt ans, et le terrain était travaillé à la bêche.

Le prix de cet engrais s'est considérablement élevé depuis quelque temps, peut-être sous l'influence des achats importants d'os que fait la sucrerie de Bourdon pour alimenter sa fabrication de noir animal. Pour les meilleures qualités, ils se payent à Thiers dix-sept francs par cent kilogrammes, sans les frais de mouture, qui sont de deux francs.

Malgré la grande publicité qui a été donnée aux procédés propres à développer dans une forte proportion l'action fertilisante de la poussière d'os en la combinant avec l'acide sulfurique, on ne s'est pas encore avisé, dans cette ville ni dans ses environs, d'en tirer le parti qu'ils semblent promettre au point de vue de la réduction des frais.

*Poussière de cornes.*—Les mêmes localités qui emploient la poussière d'os, se servent aussi de celle de cornes. Pour celle-ci encore plus que pour l'autre, l'usage qui s'est établi de l'utiliser comme engrais doit être considéré comme une conséquence directe de l'existence de l'industrie de la coutellerie à Thiers et dans nombre de communes voisines, puisque c'est exclusivement chez les ouvriers employés à préparer les manches en corne qu'on trouve cette poussière.

Les doses sont les mêmes pour les deux engrais, les prix aussi, et leur action est à peu près identique; on préfère cependant la corne pour la culture des pommes de terre.

*Chiffons de laine.* — Quelques personnes ont réussi à donner une vigueur nouvelle à des vignes sur leur déclin en déposant une petite quantité de chiffons de laine dans un trou pratiqué au pied de chaque cep. D'autres disent avoir eu beaucoup moins à s'en louer.

Les cantons d'Ambert, Saint-Amant-Roche-Savine, Cunlhat, Olliergues, Courpière, peuvent être cités parmi ceux dont l'agriculture en consomme le plus. Cet engrais y est appliqué surtout aux plantations de pommes de terre, à la dose de 450 à 500 kilogrammes par hectare. L'effet est sensible sur deux récoltes.

Le prix des cent kilogrammes est de dix francs.

*Poudrette.* — Les vidanges ne sont employées que sous forme de poudrette, encore ne le sont-elles que par un très-petit nombre de cultivateurs, notamment dans les cantons de Montaigut, Saint-Dier, Courpière, Châteldon et Lezoux. Dans ce dernier, on a été porté à en essayer par le prix très-élevé que la poussière d'os a atteint depuis quelque temps, et on en a obtenu de bons effets : elle agit très-puissamment sur des sols argilo-siliceux ou granitiques. Le résultat a été tout autre quand on l'a employée sur des terrains argilo-calcaires.

Il n'existe qu'une seule fabrique de cet engrais dans le département; elle a son siége à Clermont, et trouve dans le département de l'Allier le principal écoulement de ses produits.

On répand de **750** à **1250** kilogrammes de poudrette par hectare. Le fabricant assure qu'il en faut une plus grande quantité dans les bonnes terres que dans celles d'une qualité inférieure. Les cent kilogrammes coûtent sept francs. Cette fumure n'a d'action que sur une seule récolte.

*Guano.* — De très-grandes quantités de guano ont été employées pendant quelques années dans les cultures de la sucrerie de Bourdon ; son action a été très-marquée tant pour les betteraves que pour les froments ; on le mélangeait avec des cendres de houille avant de le répandre.

Quelques rares agriculteurs en ont fait usage sur plusieurs points du département. De faibles quantités répandues parfois sur des froments restés faibles à la sortie de l'hiver ont suffi pour leur donner beaucoup de vigueur.

# CHAPITRE VIII.

## Stimulants.

*Plâtre.* — Le plâtre est le plus précieux des stimulants dont se sert notre agriculture, celui dont elle a le plus d'occasions de faire usage.

Au chapitre XXI, en traitant du trèfle, du sainfoin et de la luzerne, nous dirons à peu près tout ce que ce sujet comporte; le plâtre reçoit cependant chez nous quelques autres emplois que nous ne devons pas passer sous silence.

On en répand parfois sur les plantes fourragères de la famille des légumineuses, autres que celles que nous venons de rappeler, lorsqu'on éprouve le besoin d'activer leur végétation.

Quelques prés hauts et secs ont été améliorés au moyen du plâtrage.

Enfin, on s'en sert aussi pour le chanvre; mais ce n'est pas là une pratique générale.

*Cendres de bois.* — Les cendres de nos foyers et de quelques tuileries et fabriques de poterie qui brûlent du bois, sont utilisées, mais dans d'assez faibles proportions, du moins à l'état pur. En cet état, celles des foyers surtout, sont très-recherchées pour le blanchissage du linge, et leur prix atteint, à cause de cela, un chiffre peu abordable pour l'agriculture. Leur action est grande cependant sur les sols argilo-siliceux ou granitiques, pour la plupart des plantes les plus utiles, dans les champs et dans les prés, et notamment pour le trèfle. On le sait généralement; aussi se garde-t-on de les laisser perdre, alors même qu'on n'en fait que de petites quantités; elles sont au moins jetées sur le tas du fumier.

*Cendres lessivées ou charrées.* — Les cendres qui ont servi aux lessives des ménages des petits cultivateurs, vont aussi le plus souvent augmenter l'action fertilisante des fumiers; mais lorsqu'on peut s'en procurer en certaine quantité, et que l'on a des prés naturels, on trouve un grand avantage à les y répandre à la fin de l'hiver. Les prés humides, où abondent les joncs et les carex, sont ceux auxquels on les consacre le plus ordinairement, pour faire prévaloir les bonnes herbes que ces mauvaises plantes dominent trop aisément dans les sols qui leur conviennent.

*Cendres de paille.* — Le bois est peu commun dans la meilleure partie de la plaine, et la paille de froment y abonde au contraire. Aussi y sert-elle, sinon exclusivement, du moins très-fréquemment, de combustible pour le chauffage des fours à cuire le pain. On ne néglige pas de recueillir les cendres qui en proviennent et de s'en servir sur les champs et sur les prés comme de celles de bois et des charrées.

*Cendres de houille.* — Celles-là sont plus exceptionnellement recherchées par l'agriculture, qui les reçoit néanmoins avec les fumiers des rues qu'elle va acheter dans les villes. C'est en effet dans les villes que le chauffage à la houille s'est le plus introduit par suite de la cherté du bois. On s'y débarrasse des cendres en les déposant dans les rues, où elles tombent dans le domaine des boueurs.

*Brûlis.* — Il est un autre mode de se procurer des cendres végétales, c'est le *brûlis.* Il n'est mis en pratique que dans certaines parties du département, et en particulier sur les montagnes de la chaîne du Forez. Pendant l'été, on recueille le plus que l'on peut de végétaux de peu de valeur, genêts, fougères, ronces, etc.; on les fait sécher; puis, à l'approche des semailles de seigle, qui commencent de bonne heure en septembre, ces plantes sont étendues en couches plus ou moins épaisses sur des champs déjà prêts pour être ensemencés. Lorsque le cultivateur prévoit une pluie prochaine (et ses appréciations à cet égard le trompent rarement), il y met le feu, avec l'espoir de voir la pluie attendue fixer les cendres au sol et les soustraire à l'action des vents qui pourraient les déplacer. C'est à cet usage que les habitants de la plaine doivent, tous les automnes, le spectacle de ces points lumineux, en assez grand nombre parfois, qui, dans l'obscurité des nuits, se montrent disséminés à diverses hauteurs sur les montagnes.

Le brûlis, comme nous le dirons ailleurs, est aussi pratiqué dans les pâturages les plus élevés, pour les purger de leurs bruyères tout en les amendant.

Lorsqu'on parcourt les montagnes où le brûlis se fait dans les champs, et où l'on ne voit pas pour ainsi dire une seule pièce de trèfle, on se demande, en pensant à l'heureuse influence des cendres sur cette plante, pourquoi on ne chercherait pas à mettre à profit la présence dans le sol des cendres que produit l'opération dont nous traitons en ce moment pour répandre de la graine de trèfle, au printemps, dans cette céréale. La crainte d'une température trop froide ne serait pas toujours un obstacle réel. Beaucoup de champs soumis au brûlis sont à une hauteur que la culture du trèfle a plus d'une fois dépassée.

Les cultivateurs de la partie haute du canton de Besse tirent un grand parti du brûlis en l'appliquant à une nature de propriété qu'ils appellent *parrat*.

Une parrat produit naturellement de l'herbe que l'on fauche ou que l'on fait pacager, suivant sa qualité.

Deux motifs rendent le défrichement nécessaire. 1° Beaucoup de localités n'ont pas de terres *franches* (on nomme ainsi les terres habituellement en culture), et ne peuvent récolter du grain que sur les *parrats*. 2° Lorsque ce terrain est resté cinq à six ans au plus à l'état de pré ou de pâture, il dégénère malgré les soins et le fumier; la mousse s'en empare, et la production devient presque nulle; le défrichement seul peut lui rendre sa fertilité.

Voici le mode de défrichement adopté, mode qui est loin d'être satisfaisant et demande trop de travail.

On laboure avec l'araire, mais en *égratignant* seulement la pelouse ; puis on répète cette opération perpendiculairement ou obliquement à la première.

Ensuite, avec de petites pioches, on fossoye légèrement en relevant seulement la pelouse. On repasse plusieurs fois pour secouer ces mottes avec des pioches ou des râteaux, jusqu'à ce que l'herbe soit bien séparée et que l'herbe et les racines soient assez sèches pour brûler.

Le résidu est rassemblé en lignes ou en buttes, et on y met le feu. Puis, par un temps calme et un peu humide, autant que possible, la cendre est répandue. On fume, suivant la qualité du terrain et l'on sème immédiatement, sans aucun labour préalable. La semence est couverte par un labour très-peu profond.

On sème trois hectolitres de seigle par hectare.

Sur les terrains de médiocre qualité, on prend deux récoltes successives de seigle ; ceux de première qualité en donnent trois ; mais il faut fumer.

L'herbe repousse en même temps que la céréale, et, après l'enlèvement de cette dernière, si on ne laboure pas, on a un pré pour l'année suivante. L'étranger, en voyant faucher, ne pourrait se douter que l'année précédente ce terrrain était un champ.

Les défrichements se font à deux époques de l'année : en

mars, avril et mai pour les semailles du printemps; à la fin de juillet, en août et septembre, pour celles d'automne.

Ces derniers sont les plus favorisés par le temps, le printemps étant généralement pluvieux dans cette région. Préalablement au défrichement, on fauche en juillet ou l'on fait pacager.

Les défrichements du printemps sont commencés aussitôt que le temps le permet, et très-souvent il est difficile de mener l'œuvre à bonne fin.

*Ecobuage.* — L'écobuage n'est guère connu que de nos montagnards. S'il s'en fait ailleurs, et cela n'est pas sans exemple, c'est sur de mauvais terrains, depuis longtemps couverts de bruyères que l'on brûle avec la terre.

Les terrains de la montagne que l'on soumet à l'écobuage sont assez généralement légers et envahis aussi par la bruyère; quelquefois cependant il en est d'argileux et humides que l'on traite par ce procédé.

Sur un même champ, l'opération se renouvelle à des intervalles de temps qui varient de dix à vingt années.

A un sol écobué on ne demande, dans certains cas, qu'une seule récolte de seigle; dans d'autres, deux seigles et une avoine, ailleurs on veut trois seigles consécutifs. Certains cultivateurs ne s'arrêtent que devant l'épuisement du champ, qui ne se fait jamais beaucoup attendre, celui que l'on écobue étant toujours de mauvaise qualité.

On s'accorde à reconnaître qu'un terrain écobué, et traité comme on a l'habitude de le faire après cette opération, est hors d'état de produire aucune récolte au moment où on l'abandonne à la végétation spontanée qui veut bien s'emparer de lui.

M. de Gasparin a voulu relever l'écobuage du discrédit dans lequel il est tombé comme méthode irrationnelle de culture, et a soutenu que l'abus seul que l'on fait des principes de fertilité qu'il produit dans le sol devrait être condamné. L'illustre agronome voudrait que ces forces nouvelles fussent ménagées au moyen de bons assolements et même entretenues par des fumures. Ce serait tout le contraire de ce qui se pratique. Ne se trouvera-t-il personne pour suivre un si sage conseil et pour vérifier s'il pourrait être utilement appliqué à nos sols écobués ? Ce qui arrive à la suite des défrichements des *parrats* du canton de Besse, où le fumier vient en aide à l'incinération des herbes, crée de très-fortes probabilités en faveur de l'écobuage perfectionné suivant la méthode dont nous voudrions voir faire l'essai.

# CHAPITRE IX.

## Amendements calcaires.

Lorsqu'on arrête sa pensée sur l'importance de l'étendue de la partie du département où le sol cultivé ou cultivable est de nature à être amélioré par l'emploi des amendements calcaires, et lorsqu'en même temps on considère que les gisements de marne et de pierres à chaux s'y trouvent en grande abondance, on est porté à s'étonner de voir ces moyens de fertilisation si peu usités. Sans doute, nos chaux ne sont pas toutes de la qualité que réclament les terres, il y en a qui sont beaucoup trop hydrauliques pour cet usage; sans doute aussi, parmi les bonnes, il y en a qui, eu égard à leur prix de vente au four, ne pourraient être amenées sur certains points éloignés à des prix acceptables par les cultivateurs; mais combien n'y a-t-il pas de champs, en terrain non calcaire, pour lesquels le chaulage serait utile sans entraîner des frais trop considérables et en disproportion avec ses effets, et qui n'ont jamais reçu un atome de chaux?

La marne n'est peut-être pas appelée, au moins dans l'état actuel de nos moyens de transport, à étendre son action bienfaisante aussi loin des lieux où on la trouve que pourrait le faire la chaux; toutefois la facilité à la trouver sur place, que l'on sait aujourd'hui exister dans beaucoup de localités où naguère on n'en soupçonnait pas la présence, autorise l'étonnement que l'on éprouve aussi en pensant que de semblables trésors sont restés si longtemps inexploités pour les besoins des terrains qui les recouvrent, et que de modernes expériences ont montrés susceptibles d'en être améliorés.

Une ère nouvelle a été ouverte de nos jours pour notre agriculture par l'emploi de ces deux agents de fertilisation. Elle nous semble appelée à une longue durée, à en juger par les résultats qu'ils ont déjà produits, par la conversion qui s'est faite dans beaucoup d'esprits prévenus à leur égard, et par l'abondance des gisements de l'un au moins d'entre eux, la marne.

*Chaux.* — On trouve dans le département, çà et là, quelques groupes de communes où la pratique du chaulage des terres s'est introduite ou est en voie de le faire. Celui de l'Allier, qui produit de bonnes chaux grasses et à des prix abordables pour l'agriculture, en fournit, d'un côté, à la partie nord de la chaîne des monts Dômes (cantons de Montaigut, Menat, etc.); de l'autre, à l'extrémité, septentrionale aussi, de l'arrondissement de Thiers (cantons de Châteldon et Thiers). Les cantons de Courpière et de Lezoux, du même arrondissement, emploient les chaux de Vertaizon et de Reignat, près de Billom. Des communes des cantons de Saint-Dier et de Sauxillanges commencent à chauler. Elles ont à leur proximité les chaux grasses de Vic-le-Comte et de Manglieu.

Mais nulle part encore cette manière d'amender le sol n'est entrée jusqu'à présent dans les habitudes des cultivateurs. Il est seulement permis d'espérer que les bons résultats obtenus ne tarderont pas à démontrer à tous combien il serait avantageux pour eux de traiter ainsi leurs sols dépourvus de calcaire.

La chaux qui se fait chez nous est chère. Son prix, aux fours, est plus élevé que celui de la chaux que le département de l'Allier envoie sur la lisière du nôtre jusqu'à plusieurs lieues de sa limite. Celle-ci est livrée, tout près de Thiers, à quatorze francs cinquante centimes, déposée sur le champ même, tandis que, à quelques lieues plus loin, les chaufourniers du pays la font payer quinze et seize francs prise aux fours. A Montaigut, celle d'Ebreuil ne revient qu'à douze ou treize francs. Elle y est employée à la dose de douze à treize mètres cubes. Nous ne croyons pas que cette dose soit dépassée nulle part dans le département. D'autres cultivateurs de la même région préparent des composts avec quatre mètres de chaux et huit fois autant de bonne terre pour un hectare.

Sous l'influence des chaulages, le froment a souvent pris la place du seigle sur des terrains qui jusque-là n'avaient pu produire que cette dernière céréale, et un autre avantage non moins grand qu'ils ont eu a été de rendre ces mêmes sols aptes à produire du trèfle.

*Marne.* — Le principal théâtre du marnage est sur le canton de Lezoux et dans quelques communes contiguës, de ceux de Thiers, Châteldon et Maringues. Ce territoire, qui comprend les communes de Vinzelles, Crevant, Bulhon, Orléat, Peschadoires (canton de Lezoux), Dorat (canton de Thiers), Noalhat (canton de Châteldon), Maringues et Luzillat (canton de Maringues), et sur lequel toutefois la majeure partie des champs reste encore à marner, présente une surface approximativement évaluée à un myriamètre carré, dont tout le sol arable, au train dont vont les choses, sera complètement marné avant peu d'années. Au commencement de 1859, on y comptait déjà plus de cent personnes employant ce mode d'amendement. Leur nombre s'est accru depuis; l'augmentation a été plus grande encore sur celui des hectares marnés depuis lors par celles qui le faisaient déjà avant cette époque.

Les premiers marnages de cette localité remontent à l'année 1847. M. Baudet-Lafarge avait découvert, en 1846, sur sa propriété des Quéras, commune de Vinzelles, un puissant banc de marne recouvert d'une couche de terre peu épaisse et d'une facile exploitation. Essayée immédiatement sur ses champs, dans lesquels le calcaire manquait complètement, son efficacité avait été immédiatement reconnue. Les résultats, quoique très-satisfaisants, laissèrent, pendant plusieurs années, les cultivateurs du voisinage très-incertains sur leur valeur réelle. Enfin, un d'entre eux, riche paysan de la commune de Crevant, Etienne Mondon, plus hardi, se décida à faire aussi du marnage; et dès ce moment chacun s'y est mis successivement. De nombreux gisements ont été découverts, presque tous à une très-grande proximité des champs pour lesquels on les exploite. L'entrain est aujourd'hui très-marqué dans la plupart des communes du canton de Lezoux que nous venons de citer; dans les autres, les marnages n'ont encore qu'une médiocre importance.

Le banc de calcaire est formé de couches de couleur, de densité et de richesse diverses, mais ayant toutes la propriété de se déliter promptement. Leur richesse moyenne en carbonate de chaux peut-être évaluée à soixante pour cent au moins. La dose la plus générale est de quarante à cinquante mètres cubes par hectare, quelquefois dépassée; ses effets sont encore très-sensibles après douze ans écoulés depuis les premières applications.

Une des principales causes de l'extension que le marnage a reçue se trouve dans la possibilité de l'exécuter sans de grands frais. Ces frais sont réellement peu considérables pour ceux qui comptent, lorsque la marnière est près des champs; mais ils sont presque nuls aux yeux des petits propriétaires, si nombreux dans la localité, qui n'y emploient que ce qu'ils sont dans l'habitude de ne pas évaluer, leur temps et leur peine. Pour quelques-uns seulement il y a obligation d'acheter des marnières, et malgré la grande valeur vénale acquise par les terrains qui en contiennent (de cinq centimes le mètre carré elle s'est élevée à un franc et même plus), leur confiance est devenue aujourd'hui assez grande pour qu'ils se décident à en acheter quand ils n'en trouvent pas chez eux. L'effet de la marne se fait sentir d'une manière remarquable dès l'année de son emploi.

MM. de Lavaissière, à Volvic, et Dumontel, près de Randan, ont aussi donné l'exemple du marnage.

La marne, comme la chaux, a rendu propres au froment et au trèfle des terrains qui se refusaient auparavant à les produire. Son action est sensible sur toutes les autres plantes, à l'exception de la pomme de terre, du moins dans les localités que nous avons citées comme employant la marne d'une manière assez générale.

## CHAPITRE X.

### Défoncements.

Les simples labours à la bêche sont quelquefois qualifiés de défoncements, parce qu'ils attaquent et remuent le sol à une profondeur de trente à quarante centimètres. Nous n'agirons pas ainsi sans établir une distinction. Nous refuserons de considérer comme des défoncement, les béchages dont le retour est fréquent, et qui, ne pénétrant plus dans un sous-sol primitif, ne contribuent en rien à donner une plus grande épaisseur à la couche arable.

Mais nous n'userons pas de la même réserve à l'égard des béchages ou même des labours très-profonds à la charrue. lorsqu'ils sont appliqués à des terrains labourés jusqu'alors très-superficiellement. Dans ces cas, une partie du sous-sol est entamée, mélangée à la terre végétale, appelée à prendre sa part des engrais, à fournir une part aussi à l'alimentation des plantes. L'opération qui le met dans de telles conditions est quelque chose de plus qu'un labour ordinaire; c'est bien un défoncement.

Il se fait d'assez grandes quantités de ces défoncements-là; mais il n'en est pas de même de ceux qui dépassent les profondeurs que nous avons indiquées plus haut, surtout lorsqu'ils exigent l'emploi d'outils plus puissants que la bêche. Il est peu de localités où l'usage en soit devenu un peu général.

Dans les vignobles, on défonce assez volontiers soit en arrachant une vigne épuisée, soit pour en créer une nouvelle. On bouleverse alors le terrain à cinquante centimètres au plus. Les terrains à sous-sol pierreux sont ceux que l'on défonce le plus volontiers, et souvent on ramasse les pierres que l'on enfouit dans des fossés profonds remplissant l'office de drains.

Pour certains défoncements, on se garde de déplacer le sous-sol; c'est lorsqu'il est d'assez mauvaise qualité pour faire craindre que son mélange avec la couche supérieure ne soit de nature à en détruire la fertilité. Dans ce cas, on enlève une bande de cette couche jusqu'au sous-sol, ordinairement très-compacte, que l'on fouille seulement sans le déplacer, et qui est ensuite recouvert avec de la terre de la surface prise sur la bande voisine, destinée à être traitée de la même manière à son tour. L'effet de cette opération cesse nécessairement dès que le sous-sol a repris son tassement primitif.

Dans les pays de montagne, le défoncement a quelquefois pour but de débarrasser les champs de rochers faisant saillie au-dessus de la surface et très-gênants pour les cultures.

Un des plus intéressants à décrire, parce qu'il a servi déjà à l'amélioration de vastes étendues de terrain, se pratique dans le canton de Saint-Dier. L'exemple en fut donné par feu M. d'Anchald. La facilité de son exécution, jointe à ses bons effets, lui valut bientôt des imitateurs, très-nombreux aujourd'hui. Cette méthode est connue dans le pays sous le nom de *défoncement d'Anchald*, en témoignage de reconnaissance pour la mémoire de l'agronome distingué dont on a reçu une si profitable leçon. Le sous-sol de cette contrée est un tuf granitique naturellement désagrégé sur une certaine épaisseur et de nature à pouvoir être mêlé sans inconvénient à la terre arable, comme l'expérience l'a démontré, innocuité due peut-être à ce que, le champ n'étant pas défoncé tout d'une fois, la quantité de tuf ramenée à la surface est relativement peu considérable. A ce titre comme à plusieurs autres, ce procédé se recommande pour tous les cas où le sous-sol est de mauvaise nature.

Nous copions dans le *Manuel d'agriculture pratique pour le centre de la France*, par M. Saulnier d'Anchald, la description qu'il a donnée lui-même de son procédé :

« Voici de quelle manière se fait le défoncement partiel.
» On divise le champ que l'on veut défoncer par planches
» de seize pieds et dans une direction commode pour l'é-
» coulement des eaux, que l'on pourra quelquefois utiliser
» pour l'irrigation des prés. Un fossé de quatre pieds de
» largeur sur un pied trois pouces (quatre cent six millimè-
» tres) est ouvert entre chacune d'elles, et le terrain jeté
» avec la bêche ou avec la pelle, moitié à droite, moitié à
» gauche de chaque planche qui forme ainsi une espèce de
» dos d'âne. Un léger éboulement du bord de chaque fossé
» facilite le premier labour et occasionne dans lesdits fos-
» sés la chute d'une suffisante quantité de terre, ce qui
» achève de régulariser le dos d'âne et ne laisse entre les
» planches aucun intervalle sans culture. Un seul petit
» sillon, ouvert dans l'endroit le plus bas du fossé, sert à
» recevoir en hiver les eaux de toutes les planches et à leur
» livrer un passage facile.

» Ces planches sont cultivées comme les autres champs.
» Les différents labours, surtout en prenant les fossés dans
» leur longueur, aplanissent presque le terrain, mais le
» premier fossé étant encore un peu indiqué, cela suffit
» pour calculer l'endroit où sera placé le second défonce-
» ment, avec cette différence que les fossés se trouveront
» pour lors dans le milieu de chaque planche, c'est à dire
» à l'endroit où la terre avait été élevée en dos d'âne la pre-
» mière fois.

» Le défoncement de la troisième partie du champ doit
» être fait au bout de onze années. Cette partie se trouvera
» isolée, et l'on reconnaîtra facilement la place de l'un des
» fossés, en sondant aux deux extrémités, dans le cas où
» les ondulations du terrain n'en offriraient pas de marques

» certaines. Un des fossés étant reconnu, on mesurera
» douze pieds, après lesquels on tracera un autre fossé,
» et ainsi successivement.

» On procèdera de même au défoncement de la quatrième
» et dernière partie du champ, qui sera isolée comme
» la troisième ci-dessus; il sera fait à la seizième année.
» Là se termineront les opérations du défoncement partiel;
» il sera complété dans l'espace de seize années. »

M. d'Anchald ne fut pas l'inventeur de ce procédé. Il
l'avait vu mettre en pratique sur la belle terre d'Alleret
(Haute-Loire), appartenant à M. de Macheco, qui en diri-
geait les cultures avec tant de distinction; et, jugeant qu'elle
ne produirait pas de moins bons effets sur son exploitation
de Mauzun, il l'y importa. Le succès justifia ses prévisions.

Partout en effet où à son imitation ses voisins appli-
quèrent judicieusement cette méthode, le sol est devenu
beaucoup plus productif.

Le mode de défoncement partiel adopté par M. d'Anchald n'a pas toujours été appliqué dans toute sa pureté.
Pour vouloir abréger les délais dans lesquels l'opération
devait se compléter sur une étendue de terrain déterminée,
on en a compromis les résultats lorsque la provision de
fumier n'était pas suffisante pour faire compensation à la
quantité de mauvaise terre que l'on arrachait au sous-sol
pour l'ajouter à la couche précédemment productive.

Mais il ne paraît pas en avoir été ainsi d'une modification
ayant pour but d'achever le défoncement en trois opérations
s'effectuant en trois fois dans une période de neuf années.

Les fosses, larges d'un mètre trente-trois centimètres,
profondes de quarante-quatre centimètres, sont alors sépa-
rées par des planches de cinq mètres soixante-six centimètres. Les terres et tufs retirés de la fosse sont rejetés en ados
à cinquante centimètres du bord et au-delà sur la planche.
Puis les talus sont rabattus dans la fosse de chaque côté

sur une largeur moyenne de cinquante centimètres, ce qui réduit la planche à quatre mètres soixante-six centimètres.

Chaque opération défonce donc complètement une largeur d'un mètre trente-trois centimètres, et incomplètement une largeur d'un mètre, ensemble deux mètres trente-trois centimètres.

Deux autres opérations semblables achèvent le défoncement du champ entier, sauf l'existence de deux arêtes résultant pour chaque planche de l'abatage incomplet des talus. Ces arêtes sont si minces, qu'elles ne nuisent en rien au succès, dit-on, étant entamées et réduites par chaque passage de la charrue.

Ce défoncement se fait, à la tâche, au prix de cinq à six centimes par mètre courant. Le plus souvent on traite avec des colons qui exécutent ce travail pour une récolte entière ou pour la moitié de deux récoltes successives qu'on leur abandonne.

On évalue à cinquante hectares les étendues de terrain annuellement défoncées par ces procédés dans le seul canton de Saint-Dier. Quelques localités de celui de Courpière ont suivi son exemple.

# CHAPITRE XI.

## Dessèchements. — Drainage.

Depuis un temps immémorial des travaux d'assainissement ont été exécutés dans toute la partie en plaine du département, même et surtout, devrions-nous dire, dans la Limagne, ce vaste bassin formé autrefois d'une réunion de marais qui en occupèrent les parties les plus basses.

Quelques-uns de ces travaux, mais en petit nombre, sont de dates plus récentes; nous avons pu en indiquer trois dans le chapitre 1er.

C'est pour répondre à ce besoin de donner de l'écoulement aux eaux que, de nos jours encore, on y entretient un nombre assez considérable de fossés, grands ou petits, aboutissant d'une manière plus ou moins directe aux cours d'eau naturels.

Les plateaux argilo-siliceux dont le sous-sol est imperméable, n'exigent pas moins impérieusement la conservation d'une multitude de fossés où va se dégorger la multitude bien plus grande encore des raies égouttières annuellement ouvertes dans les champs en culture.

Bien longtemps avant que le mot *drainage* eût passé dans notre langue agronomique, des ouvrages qui peuvent recevoir cette qualification, si elle s'applique spécialement aux canaux de dessèchements souterrains, existaient sur beaucoup de localités de la plaine et de la montagne. Ces canaux, presque toujours garnis de pierrailles dans leurs fonds, étaient généralement établis sur les points où l'humidité se montrait de la manière la plus incommode, sans être soumis à une méthode régulière, comme l'ont été la plupart des drainages modernes. Ces pierrées sont connues chez nous sous les noms de *rases mortes*, de *rases sourdes*. On en fait encore actuellement. Quelquefois les pierres sont remplacées par des fascines.

Sur sa propriété de Buffevent (canton de Saint-Germain-Lembron), notre collègue, M. de La Salle, a apporté à ce mode de dessèchement un perfectionnement auquel il attribue le bon état de ses canaux construits sur une quarantaine d'hectares de terrains qui étaient inondés pendant six mois de l'année. « De nombreux fossés, dit M. de La Salle,
» étaient creusés dans tous les sens pour l'écoulement des
» eaux. Au fond de ces fossés, à un mètre de profondeur,
» j'ai fait construire des canaux de vingt centimètres de
» largeur sur trente de hauteur, en petites pierres et mor-
» tier de chaque côté, couverts en pierres plates, jointées
» aussi en mortier de manière à ne laisser pénétrer aucune
» terre dans le canal, quoique l'infiltration des eaux se
» fasse très-bien à travers les petites fissures et le mortier
» lui-même. Sur les côtés et à leur extrémité viennent se
» rendre les eaux des petites tranchées d'un mètre de pro-
» fondeur, remplies, à quarante centimètres de hauteur,
» de petites pierres recouvertes d'une couche de mortier de
» trois centimètres d'épaisseur, qui donne à ces travaux
» une durée sans limites. La partie de la tranchée de
» soixante centimètres restée vide a été comblée en terre
» bien nivelée. » Ces travaux, exécutés depuis trente ans, n'ont donné lieu à aucune réparation, et le terrain est resté parfaitement assaini.

Depuis cinq ou six ans, le drainage méthodique et au moyen de tuyaux en terre, a commencé à être appliqué avec des résultats assez divers. Dans les prés humides, ils ont été généralement heureux et ont fait disparaître les plantes de mauvaise nature, qui se plaisent dans les terrains habituellement mouillés. Assez généralement aussi les champs drainés se sont trouvés améliorés ; mais dans quelques circonstances l'effet n'a pas répondu à ce qu'on attendait du drainage.

Ce qu'il y a eu de surprenant en cela, c'est que les terrains sur lesquels ont été faites ces remarques sont de ceux que l'on est obligé de disposer en billons très-étroits pour préserver les récoltes des eaux séjournant à la surface et où les labours sont impraticables pendant un temps assez long à la suite des pluies. Le sous-sol en est éminemment imperméable.

L'assainissement a été obtenu d'une manière complète ; l'eau ne s'arrête plus à la surface, mais les récoltes en céréales y ont plutôt perdu que gagné. Le trèfle, au contraire, y a pris un développement remarquable. Les étés, depuis ces drainages, ont été très-chauds et très-secs. Faut-il attribuer à cette circonstance les effets que nous venons de signaler ? Le retour des étés pluvieux donnera probablement mieux que le raisonnement la réponse à cette question et rendra peut-être au drainage son utilité.

Un instant on put croire qu'il allait devenir général, du moins pour les terrains qui paraissaient le plus en avoir besoin. Chaque arrondissement voulut avoir une machine pour fabriquer les tuyaux ; la demande que la Société d'agriculture en fit au ministre fut accueillie ; le comice de Saint-Dier eut aussi la sienne, et quelques propriétaires de tuileries ont joint à leur ancienne fabrication celle des tuyaux de drainage. Le comice de Thiers obtint du ministère qu'un ingénieur draineur, M. Mille, en mission du gouvernement dans le département de la Loire, serait mis pendant quelque temps à la disposition des propriétaires de l'arrondissement qui voudraient recourir à ses conseils. Peu de temps après, sur la demande de la Société d'agriculture, un agent voyer du département était envoyé à l'école régionale de la Saulsaie pour y étudier spécialement l'art du draineur. Malgré toutes ces facilités données aux propriétaires avant les mesures générales récemment adoptées pour aider à la propagation du drainage, celui-ci n'a fait que bien peu de progrès dans les deux ou trois dernières années. Il faudra probablement le retour des années pluvieuses succédant aux années de sécheresse que nous traversons pour rendre à cette opération quelque chose de la faveur qu'elle semble avoir perdue. Les espèces d'insuccès dont quelques personnes ont eu à se plaindre ne seront probablement que des exceptions, si tant est qu'un sort meilleur ne soit pas réservé dans l'avenir à ces drainages. Dussent les choses rester pour eux dans l'état actuel, il en sortirait toujours un enseignement utile : ce ne serait pas de s'abstenir de drainer les terrains de la nature de ceux pour lesquels le succès se fait encore attendre, mais d'essayer d'obtenir de meilleurs effets en ne plaçant des drains que dans les parties des champs où l'on voit l'eau séjourner le plus longtemps après les pluies, dans celles où il existe certains suintements et où l'humidité persiste pendant un certain temps après que tout le reste est redevenu parfaitement sec. Il s'agirait alors d'appliquer le système de drainage irrégulier préconisé par M. le marquis de Bryas comme suffisant pour des situations analogues. Ce système a du moins le mérite d'entraîner peu de frais comparativement à l'autre, de ne pas avoir pour résultats de dessécher le terrain outre mesure, et de pouvoir d'ailleurs être complété quand il se montre insuffisant.

## CHAPITRE XII.

### Labours.

Considérés sous le rapport des étendues de terrain sur lesquelles ils s'exécutent, nos labours de divers genres doivent être classés dans l'ordre suivant :

Au premier rang, le labour avec l'araire ;

Au second, le labour fait avec la bêche ;

Au troisième, le labour à la charrue.

Il est bien peu de champs, à l'exception de ceux auxquels on accorde de longs repos, qui ne soient pas chaque année plus ou moins sillonnés par l'araire ; nous n'en exceptons même pas la plupart de ceux qui ont été bêchés ou passés à la charrue. Les herbes adventices viennent-elles à s'en emparer après ces labours, ou bien de fortes pluies ont-elles plombé un terrain déjà préparé, à défaut de scarificateurs et d'extirpateurs qui n'ont pas encore été admis dans notre matériel agricole, l'araire vient déranger cette végétation malencontreuse ou rendre à la couche superficielle du champ son ameublissement.

L'emploi de l'araire est encore nécessaire après celui de la bêche, quand celle-ci a servi à soulever la terre par grosses masses, dont il faut ensuite obtenir la complète division par un agent mécanique venant en aide aux influences de l'air et des météores.

Mais le grand rôle de l'araire est d'amener à lui seul le terrain à un état de préparation complète (nous ne disons pas parfaite), pour recevoir les semailles. Sans pouvoir prétendre à notre admiration, le labour qui s'exécute avec l'araire ne peut cependant pas être complètement réprouvé dans un pays qu'il fait vivre depuis tant de siècles. Il est certain qu'il suffit sur de bons terrains pour faire produire, non sans doute le maximum de ce qu'ils pourraient donner, mais du moins de fort belles récoltes. Disons aussi, à la décharge de nos agriculteurs, qu'un champ bien cultivé avec la bêche reçoit une espèce de défoncement dont l'effet dure plusieurs années, pendant lesquelles le labour à l'araire suffit bien pour soulever, diviser et aérer la couche qui va recevoir le grain de semence.

Quand il sert seul à façonner une jachère, l'araire revient cinq, six fois, plus encore s'il le faut, sur un même champ. Les mauvais sols veulent un plus grand nombre de ces labours que les bons; les pluies fréquentes obligent aussi à les répéter plus souvent.

Lorsqu'on a affaire à des terrains assez pourvus d'argile non calcaire pour rester longtemps dans la position où l'araire les a mis, c'est-à-dire sans qu'ils retombent, en quelque sorte d'eux-mêmes dans la raie, le second labour se fait en *refendant* les arêtes formées par le premier avant de donner d'autres façons en travers ou en biais. Une autre raison pour agir ainsi vient de la forme des araires qui ont les oreilles plus hautes et plus écartées pour ces natures de sols, que pour d'autres d'un ameublissement plus spontané, si nous osons parler ainsi ; avec de semblables instruments, les raies laissent entre elles de plus larges espaces qui n'ont pas été atteints, et qu'il est urgent d'attaquer pendant que la direction à donner à l'araire est encore facile à reconnaître.

Pour labourer les sols argilo-calcaires, doués de la propriété de fuser promptement, au lieu de se durcir sous l'action alternative de l'humidité et de la sécheresse, les oreilles sont plus rapprochées. Elles ouvrent donc des raies beaucoup moins distantes entre elles, et dont le prisme triangulaire qui sépare leur fond est de peu de volume.

On peut alors se dispenser de refendre, ce qui serait d'ailleurs difficile à faire.

Le béchage est l'objet d'une telle prédilection chez nos cultivateurs, qu'on peut le considérer comme n'ayant pour ainsi dire d'autres limites que l'insuffisance des bras et la nature de certains sols. Ceux-ci, en effet, sont-ils ou trop pauvres pour payer les frais d'un tel labour, ou trop mélangés de cailloux pour laisser aisément pénétrer l'instrument, ou bien la couche arable peu profonde repose-t-elle sur un banc de pierres ou de poudingues, on renonce à y mettre la bêche ; mais moins généralement qu'avant qu'on eût adopté celle qui a la forme d'une fourche à deux dents, et qui, à cause de cette forme même et de sa plus grande solidité, est moins difficile à enfoncer dans les sols présentant certains obstacles.

L'habitude de bêcher en réunissant les efforts de trois ou quatre hommes sur un même bloc de terre d'un fort volume (ce que nos cultivateurs appellent *barbouler*), a beaucoup contribué, dans ces derniers temps, à étendre l'emploi de la bêche. Un labour exécuté de cette manière coûte à peine le tiers de celui qui se fait suivant le mode ordinaire. Aussi a-t-on fini par l'appliquer à tous les sols ayant la consistance qu'il exige pour devenir possible, sans distinction de ceux que les influences atmosphériques ne suffisent pas à désagréger. Toutefois il ne peut pas être utilement employé dans les champs infestés de chiendent, parce qu'il se prête moins que l'autre mode à l'extirpation de cette mauvaise herbe.

Les béchages d'hiver se font pour les diverses céréales de printemps, pour les blés d'Odessa, et surtout pour les plantes sarclées et le chanvre ; ces derniers se continuent jusque dans le printemps. Ceux d'été (principalement pour les défrichements des prairies artificielles), et ceux d'automne préparent les champs destinés aux semailles de cette dernière saison en froment et en seigle.

La charrue est considérée comme suppléant la bêche ; aussi ne l'emploie-t-on jamais plus d'une fois sur un même champ, dans le courant d'une même année ; rarement même y revient-elle deux années de suite. Malgré sa tendance bien marquée à devenir d'un usage moins restreint, elle est encore bien loin de rendre les services qu'on devrait lui demander.

Les pays à sols légers sont ceux où elle se répand le plus, parce que là des attelages de deux bêtes suffisent pour opérer avec elle des labours satisfaisants.

# CHAPITRE XIII.

## Assolements.

L'importante question des assolements n'aura qu'une place fort restreinte dans ce travail. On ne peut décrire ce que l'esprit est impuissant à saisir à travers des détails infinis. Il est impossible d'indiquer des formules pour ce qui n'en a pas ; et c'est à ce point que se trouve aujourd'hui l'agriculture du département du Puy-de-Dôme.

Les domaines exploités par des métayers sont bien encore astreints, dans certaines localités, à l'assolement biennal, seigle et jachère ; dans d'autres, au triennal, céréale d'hiver (le plus souvent le seigle), avoine ou orge et jachère ; mais, à vrai dire, on en trouverait bien peu, si toutefois il en existe, où la sole qui succède à celle des céréales soit complètement vouée au repos. Une portion plus ou moins importante de cette sole est occupée ou par des pommes de terre ou par des haricots, quelquefois par du trèfle, d'autres fois encore par du lupin pour engrais vert. C'est là aussi que s'intercalent le chanvre, le colza, le sarrazin, etc.; mais tout cela en quantités si indéterminées et souvent si restreintes, qu'on ne saurait le considérer comme ayant produit une décomposition de l'assolement primitif. Il y a eu seulement atteinte portée à la pureté de la jachère.

On ne saurait non plus qualifier d'assolement régulier le régime auquel certains habitants de la montagne soumettent leurs terrains écobués, et ceux qu'ils amendent au moyen des brûlis. Le nombre des années de production et de repos, dans l'un et l'autre cas, n'a rien de fixé d'avance.

Pour la Limagne, l'impossibilité d'indiquer un assolement suivi un peu plus généralement qu'un autre, est bien plus grande encore. La générosité du sol et les soins multipliés dont les cultivateurs grands et petits entourent pour la plupart leurs cultures, font que ceux-ci peuvent, dans des limites assez étendues, s'écarter des prescriptions de la science sur ce sujet. Sur un défrichement de luzerne ou de sainfoin, ou après un chanvre, on prend deux ou trois récoltes de froment rouge, en commençant par la variété qui résiste le mieux à la verse. Quelquefois un de ces froments rouges cède sa place à un blanc. A ces blés succède ordinairement une orge ou une avoine, et puis, suivant les convenances des cultivateurs, les diverses plantes qui s'accommodent de ce précieux terrain : plantes à tubercules, à racines nourrissantes, légumineuses pour prairies artificielles, pour fourrages annuels ou pour graine, ou encore pour être enfouies comme engrais, avec retours toujours fréquents du froment et autres céréales.

Tout cela s'obtient sans le secours d'aucune jachère, mais non sans de certains retours à l'observation des exigences naturelles de la terre, qui ne permet pas que l'on s'affranchisse trop complètement à son égard de la loi des alternances.

L'espèce de défoncement que l'on opère sur des terrains fortement tassés à la fin de la durée de la prairie artificielle, par l'action combinée de trois ou quatre bêcheurs, sur un même cube de terre, est un des puissants auxiliaires sur lesquels s'appuie l'ambition de l'agriculteur. Le renouvellement assez réitéré de l'emploi du même instrument, même pour de moins énergiques labours, en est un autre.

Il est, dans une région différente, des terres à seigle, légères mais profondes, qui, entre les mains de petits cultivateurs, et toujours avec le secours de la bêche, cette *ultima ratio* de l'agriculteur auvergnat, se prêtent aussi à

des prodiges de production jamais interrompue par la jachère. Non-seulement on peut leur demander plusieurs
seigles successifs, mais encore deux récoltes dans une
même année, comme des raves entre deux de ces seigles,
des pommes de terre ou des haricots après du colza.

A côté des successions de récoltes si diverses dans leurs
combinaisons que présentent nos champs, on peut bien
remarquer quelques rotations à périodes plus ou moins
longues et régulièrement suivies; mais l'exposé de ces exceptions ne donnerait pas, comme ce que nous venons de
dire, une idée exacte du caractère qui distingue l'agriculture
du Puy-de-Dôme sous le rapport des assolements.

# CHAPITRE XIV.

## Céréales.

Une prédilection très-marquée pour les céréales est le trait le plus caractéristique de l'agriculture de la partie du Puy-de-Dôme où la rigueur du climat, des pentes trop déclives pour être cultivées, et d'autres obstacles naturels ne viennent pas la contrarier. On rapporte qu'un étranger, traversant la Limagne avant la moisson, demandait où se trouvaient les champs destinés aux ensemencements en froment de l'automne prochain. Ces champs étaient sous ses yeux, mais il ne s'en doutait pas; la plupart étaient encore couverts de céréales et même de froment. Dans d'autres cantons moins fertiles, les choses ne sont pas poussées aussi loin sans doute; souvent on est obligé de s'en tenir au seigle pour récolte principale, mais la plus grande somme possible d'efforts et de soins est concentrée sur la culture des plantes de la même famille.

*Froment.* — Ce ne serait peut-être pas exagérer beaucoup que de qualifier de passion la préférence du cultivateur de la Limagne pour ce grain. La grande aptitude de son terrain à le produire et la certitude à peu près positive d'avoir de bonnes récoltes, même dans les années défavorables, au moins sur les meilleurs fonds, le justifient jusqu'à un certain point de ne pas chercher dans la variété des produits un moyen tout à la fois de ne pas les exposer tous en quelque sorte aux mêmes chances bonnes ou mauvaises, et de ménager mieux les forces du sol.

L'automne est l'époque le plus généralement adoptée pour les semis de froment; un très-petit nombre est réservé pour le printemps. Cette coutume tend même à disparaître depuis que le pays est en possession de l'espèce dite d'O-dessa, qui se sème avec autant d'avantage dès le mois de février qu'avant l'hiver.

On trouverait aujourd'hui bien peu de personnes qui négligent de soumettre leurs blés de semence à l'un des traitements reconnus propres à préserver ceux-ci de la carie. Les uns roulent ce grain dans la chaux éteinte; les autres l'arrosent avec une dissolution chaude de sulfate de cuivre. Sans être exclusifs, ces deux procédés sont les plus répandus.

La lessive de cendres est quelquefois substituée au sulfate de cuivre pour l'arrosement du grain.

Les procédés par immersion sont peu connus.

Les semis des terrains de moyenne fertilité, qui commencent avec le mois d'octobre, sont presque achevés quand on entreprend la même opération dans la meilleure partie de la Limagne, c'est-à-dire en novembre, pour la continuer jusque dans le mois suivant.

L'habitude est déjà prise par un grand nombre de cultivateurs de cette région de semer les froments en lignes, et cette méthode se propage de plus en plus chaque année. Les raies sont ouvertes parallèlement les unes aux autres par l'araire, ou pour la très-petite culture par le hoyau; chaque laboureur est suivi d'une personne, le plus ordinairement une femme, chargée de répandre à la main la semence dans la raie. Une certaine habitude est nécessaire pour atteindre à un degré de perfection satisfaisant dans une régulière répartition du grain et pour ne pas dépasser la quantité convenable.

La méthode la plus générale est de semer dans chaque ligne; cependant, aux environs de Clermont, de Riom, de Pont-de-Château, et ailleurs encore, on laisse des espaces vides, comme des espèces de sentiers, entre des séries de lignes ensemencées et plus ou moins nombreuses. Ainsi on a des séries de deux, de trois et jusqu'à six ou huit lignes pleines, suivies d'un intervalle vide et égal en largeur à une raie. Cette raie a bien été ouverte par l'araire ou le hoyau, mais on s'est abstenu d'y jeter de la semence.

On attribue à ce mode d'ensemencement une propriété très-précieuse pour un pays où les blés aux pailles les plus fortes restent parfois encore sujets à se coucher à cause de la grande fertilité du terrain, c'est de les préserver de la verse ou du moins de les rendre plus aptes à se relever quand les fortes pluies les ont fait tomber. Ce mode de préservation dispense de l'écimage et du parcours par les moutons, auxquels quelques cultivateurs ont encore recours.

Les semis en lignes ont amené à leur suite une autre amélioration d'une grande importance aussi, l'habitude de biner les froments. Ces binages sont tous exécutés à la main, avec le hoyau ou la pioche. Les femmes y sont employées souvent; elles ne se servent que de ce dernier outil.

C'est en avril et quelquefois en mai que l'on bine les blés; un sarclage considérablement simplifié par cette opération préliminaire complète le nettoiement de ce genre de récolte.

Ailleurs, on se contente des semis à la volée. La manière la plus ordinaire de recouvrir le grain est de labourer le champ avec l'antique araire. La herse n'y est que très-exceptionnellement employée.

En semant du froment dans certains sols argilo-siliceux à sous-sol imperméable, on est obligé de diviser la surface en petites planches plus ou moins étroites, suivant la nécessité plus ou moins grande de faciliter l'écoulement de l'eau, dont on craint les effets nuisibles. La largeur de ces planches varie d'un mètre à un mètre et demi. Les raies assez profondes qui les séparent les unes des autres sont ouvertes après le labour qui couvre le semence, au moyen de l'araire préalablement garni de quelques menus branchages pour suppléer à l'insuffisance de l'écartement de ses oreilles. Le buttoir remplirait probablement très-bien cet office.

Les raies ainsi établies sont traversées par d'autres du même genre, en petit nombre, et pratiquées pour remplir l'office de collecteurs, sur les points où la disposition de la surface des champs en fait sentir la nécessité. Lorsque l'on croit avoir à craindre que l'eau, arrivant de deux côtés à la fois dans ces collecteurs, ne les encombre trop vite, on en ouvre deux, l'un près de l'autre, chacun d'eux ne devant être mis en communication qu'avec les raies qui se trouvent de son côté.

Soigneusement nettoyées à la pelle ou à la pioche, pour que rien n'y mette obstacle à l'écoulement des eaux, les unes et les autres se maintiennent en cet état depuis la semaille jusqu'à la moisson.

Les sarclages à la main sont très-généralement pratiqués dans tous les champs de froment.

Pour ses moissons, la plaine reçoit des communes où la maturité est plus précoce, et principalement de celles où l'on cultive le seigle, de nombreux ouvriers dont les bras lui sont indispensables. La fin de juillet est l'époque où l'on commence à couper les froments. On n'y emploie guère que la faucille ; c'est à peine si quelques paysans travaillant pour leur propre compte se servent de la faux. Lorsque le blé est très-fort et très-épais, les moissonneurs, au lieu de prendre d'une main des poignées qu'ils coupent de l'autre, frappent à coups redoublés dans le fourré avec leurs faucilles, qui leur servent ensuite à enlever ce qu'ils ont coupé pour en former des javelles.

Sans avoir jusqu'à présent complètement adopté la méthode des moissons prématurées telles qu'elles sont préconisées depuis quelque temps, ni celles des moyettes qu'elles entraînent à leur suite, les cultivateurs auvergnats ne tiennent plus d'une manière aussi exclusive qu'autrefois à laisser les blés atteindre sur pied leur maturité complète; mais ils contractent de plus en plus l'habitude de mettre dans le champ même leurs gerbes en très-petites meules, rondes ou carrées, pour qu'en cet état elles atteignent un degré de dessiccation convenable.

Avec les divers progrès qui se sont manifestés dans notre agriculture depuis trente ou quarante ans, on a vu s'accroître d'une manière sensible l'étendue des terrains annuellement consacrés au froment; il s'est solidement installé sur plus d'un point où jadis on aurait à peine osé en essayer dans quelques pièces d'une fertilité exceptionnelle.

Un changement plus important encore s'est produit depuis quelques années dans la culture du froment. Diverses espèces, ou plus productives, ou plus résistantes à la verse, ou encore propres aux semailles de printemps comme à celles de l'automne, se sont substituées à d'autres d'un mérite comparativement inférieur.

Cette innovation a amené toute une révolution dans la production du blé dans la Limagne, où les grains tendres ont à peu près cédé la place aux froments rouges à barbes de diverses espèces. Le changement toutefois n'a été complet que depuis l'importation du *froment géant de Sainte-Hélène*. On avait bien jusque-là cherché dans la même classe de grains des variétés moins sujettes à la verse que les blés blancs, mais aucune n'avait rempli cette condition aussi bien que l'espèce dont nous venons de parler. A ce mérite celle-ci a joint celui d'être très-productive. Une autre circonstance encore est venue aider à son succès : son grain est souvent glacé. Or cette espèce d'altération, qui en d'autres temps aurait été, ou pour mieux dire était une cause de dépréciation sur les marchés, est devenue au contraire une qualité fort estimée, depuis l'extension qu'a prise dans le pays la fabrication des semoules et des pâtes alimentaires dérivées de la semoule. Les bonnes qualitées en blé glacé atteignent le poids de quatre-vingt-trois kilogrammes par hectolitre, on cite même des poids de quatre-vingt-neuf kilogrammes.

Nous ne prétendons pas dire que le froment rouge ancien, connu aussi en Auvergne sous les noms de *turelle* ou de *touraine*, ait complètement disparu depuis l'introduction du géant ; la vérité est qu'on les voit souvent l'un à côté de l'autre, et qu'un des emplois du premier est de succéder au second dans les champs où l'on veut cultiver du froment deux années de suite.

Quelques localités ont la réputation de produire des grains de très-bonne nature pour les semences dans cette catégorie de blés, et sont en possession d'en fournir de grandes quantités à d'autres parties du département. Tel est le canton de Vic-le-Comte.

Deux autres espèces de froment rouge barbu se montrent dans nos champs. L'un, le *Taganrok*, paraît n'avoir pas justifié complètement la bonne opinion qu'on en avait conçue d'abord ; l'autre, connu dans quelques communes sous le nom de *Milanais*, est peu répandu. Un de ses caractères est d'avoir des barbes qui tombent en partie après la maturité.

Les pays qui cultivent cette classe des froments y trouvent le notable avantage de cueillir une grande abondance de pailles ; et si le grain, à moins d'être glacé, se vend un peu moins cher que le froment blanc, un rendement beaucoup plus considérable (d'un tiers en sus quelquefois) rachète largement une petite différence de qualité.

Il y a parmi les blés blancs que le département cultive une bien plus grande diversité d'espèces que pour ceux dont nous venons de traiter.

Nous avons le *froment blanc ordinaire* et le *froment blanc barbu*, le *marsin*, l'*anglais*, l'*Odessa*, le *Saint-Laud*, l'*hickling*, le *blé de Mesnil-Saint-Firmin*. A la suite de ces deux derniers, qui sont infiniment peu répandus, on pourrait citer au même titre les *blés bleus* ou de l'*Ile-de-Noé*, le blé d'*Australie*, le *Drouillard*, le *Haigh's prolific*, et quelques autres venus d'Angleterre, et encore à l'essai.

Comme espèce intermédiaire en quelque sorte entre la première catégorie et la seconde, on pourrait placer le froment connu ici sous le nom de *géant blanc*. Plusieurs caractères le rapprocheraient des froments rouges à barbes ou poulards, la forme de son épi et celle de son grain, la nature de sa farine, impropre, comme celle des poulards, pour la boulangerie; la couleur du grain l'en éloignerait, au contraire, puisqu'elle est blanche, et le ferait ressembler sous ce rapport aux richelles.

Le froment blanc ordinaire a longtemps joui d'une faveur très-marquée; aujourd'hui, ce ne sont pas seulement les rouges à barbes qui le supplantent; le Saint-Laud, et surtout l'Odessa et l'anglais, doivent être comptés au nombre de ceux qui lui sont préférés.

Le *Saint-Laud* est productif, mais souvent atteint par le charbon. Son introduction remonte à une vingtaine d'années.

Sous la dénomination assez vague de *ble anglais*, on désigne ici un grain assez semblable à celui du froment blanc ordinaire; mais la balle sans barbe est d'une couleur rousse très-marquée, qui suffirait à l'en différencier, si sa paille, un peu rousse aussi et plus longue, n'était un de ses caractères distinctifs.

L'*Odessa* est un excellent grain, introduit vers 1820 par M. Bonfils. Son rendement et son poids sont très-remarquables quand il a été semé dans des terrains qui lui sont bien appropriés. De ce nombre sont les sols volcaniques.

Chez M. Paul de Féligonde, des champs de cette nature ont donné trente-trois hectolitres à l'hectare, après un trèfle parqué et défriché seulement avec l'araire. Dans les mêmes cultures, l'hectolitre a pesé jusqu'à quatre-vingt-trois kilogrammes. Ce blé ayant montré de la tendance à dégénérer, la Société d'agriculture en fit venir, en 1843, une certaine quantité pour être cédée aux cultivateurs. Le commerçant auquel elle s'adressa le tira de Marseille. On croit qu'en dépit de son nom ce blé est originaire du Midi; sa couleur est pour lui, comme pour le géant blanc, un trait de ressemblance avec les richelles.

Semé en février, il réussit aussi bien que s'il l'avait été à l'automne.

Le *froment marsin* est moins cultivé depuis que l'on connaît cette dernière espèce.

Le *froment blanc* ou *ordinaire barbu* doit être moins exigeant que d'autres sur la qualité du terrain, puisque les pays où on le voit le plus sont aussi de grands producteurs de seigle. Sa paille s'allonge sensiblement et son rendement s'accroît d'une manière notable lorsque les champs ont été amendés avec le calcaire. Le rendement, dans une culture ordinaire, atteint et dépasse même le chiffre de vingt hectolitres par hectare. Le grain est d'une qualité excellente et recherché par la boulangerie.

Dans les mêmes champs où le froment blanc barbu est devenu plus productif comme nous venons de le dire, l'*Hickling* et le *Mesnil*, lui ont été d'abord très-supérieurs. Depuis ils ont paru perdre quelque chose de leurs avantages, peut-être sous l'influence des chaleurs excessives des deux derniers étés; ce qui ferait craindre, ou qu'ils ne s'acclimateront pas complètement, ou qu'ils seraient déjà frappés de dégénérescence.

Nous avons montré le froment primant par son importance tous les produits de la Limagne et commençant à se répandre dans une région voisine de celle-ci. Mais là ne se borne pas son domaine ; il s'étend jusqu'à une assez grande hauteur sur tous les coteaux formant la première assise du vaste massif de montagnes dont sont composées les parties occidentales et méridionales du département. Plus haut encore, jusque dans la moyenne montagne, il occupe des espaces plus ou moins étendus. Les cantons de Montaigut, Menat, Pionsat, Pontgibaud, Pontaumur, Rochefort, Tauves, Besse, Ardes, Saint-Dier, Cunlhat, Arlanc, Ambert, Olliergues ont tous quelques terrains où ils récoltent du froment. Il ne s'est pas encore aventuré aussi haut dans l'arrondissement de Thiers, quoiqu'il se montre dans la partie inférieure des montagnes de l'est.

Le blé des coteaux est de qualité supérieure ; son rendement est considérable en outre lorsque ces coteaux sont en sol volcanique.

Quelques cultivateurs prétendent se trouver bien des mélanges qu'ils font de diverses espèces de froment dans leurs semis. Un des plus usités est composé de froments rouges et blancs.

Le Puy-de-Dôme récolte plus de froment qu'il ne lui en faut pour sa consommation ; il en exporte donc annuellement des quantités assez considérables dans les départements voisins. Il a souvent aidé à l'approvisionnement de Saint-Etienne et de Lyon, lorsque le prix des blés dans ces deux villes se rapprochait moins qu'aujourd'hui de celui de nos marchés.

*Seigle.* — Le seigle occupe le premier rang dans les cultures de toute la contrée en montagnes et de toutes les communes situées entre celles-ci et la partie la plus basse du département dans lesquelles le sol argilo-siliceux ou granitique ne se prête que sous certaines conditions de culture à la production du froment.

La Limagne lui consacre quelques rares parcelles. Son

mobile en cela est plutôt dans l'utilité de la paille de seigle, dont on se sert pour faire des liens, que dans les mérites de son grain. Sous ce dernier rapport cependant, il faut admettre une exception pour les cas où il est semé par de petits cultivateurs; la précocité de sa maturité n'est pas sans influence sur leur esprit : ils voient dans le seigle un moyen d'alimentation qu'il faudra attendre moins longtemps que tout autre.

Le *seigle ordinaire* d'automne et celui de *mars* sont les seuls qui aient pris place dans nos champs.

Le premier est seul admis dans les montagnes, où son produit, très-suffisant pour les besoins des habitants lorsque les saisons ont favorisé sa végétation, reste quelquefois fort inférieur aux exigences de la consommation locale. Des neiges trop persistantes et d'autres intempéries en compromettent trop souvent la réussite.

Dans cette région, les semis sont commencés dès les premiers jours de septembre et se continuent jusqu'en octobre et novembre. La fin de septembre et le mois d'octobre sont l'époque la plus ordinaire pour la plaine, où les semis sont assez souvent repris en décembre pour ce qu'on appelle les *seigles d'Avent*.

Le cultivateur qui croit avoir à redouter pour ses seigles la stagnation des eaux, prend en les semant les mêmes précautions que celles déjà décrites pour les semis de froment dans les mêmes circonstances.

Le rendement du seigle est habituellement assez faible, excepté sur les très-bons fonds. La qualité du terrain où on le cultive le plus ordinairement est sans doute pour beaucoup dans ce résultat; mais une large part doit être faite aussi à l'insuffisance des fumures.

Sur les terres légères en même temps que profondes, fréquemment cultivées avec la bêche, on sait mettre à profit la propriété inhérente au seigle de n'être pas trop antipathique à lui-même, c'est-à-dire de pouvoir réussir sur la même place pendant plusieurs années consécutives. La possibilité d'intercaler un seigle de mars entre deux seigles d'automne facilite cette combinaison. Le cultivateur a tout le temps nécessaire durant l'hiver pour bêcher son champ ou le labourer à la charrue, même lorsqu'il a produit des raves en culture dérobée.

Le *seigle de mars* ou *trémois* n'a, comparativement à l'autre variété, qu'une importance très-secondaire.

Dans les bonnes années, et malgré la courte durée du temps pendant lequel doivent s'accomplir toutes les phases de son existence, son produit n'est pas sensiblement inférieur à celui du seigle semé en automne.

L'ergot attaque parfois cette céréale et cause même d'assez graves dommages dans certaines années.

Le *seigle multicaule* a été essayé. Après avoir semblé donner de belles espérances, il a disparu. En sera-t-il de même du *seigle de Rome?* Depuis une dizaine d'années, les expériences se continuent sur cette espèce, qui commence à se propager, même chez les paysans de la localité où les premières ont été faites. Transportée dans la montagne, à Arconsat, son grain paraît avoir perdu un peu de son volume; mais dans le domaine de la commune de Vinzelles (canton de Lezoux), où elle a été introduite d'abord, elle se maintient avec ses bonnes qualités. Sa paille est haute, son épi long, son grain beaucoup plus arrondi que celui de l'espèce ordinaire, dont le rendement est au moins égalé, et le pain que l'on en fait a une saveur beaucoup moins acide.

Ce seigle est destiné peut-être à occuper un jour utilement sa place parmi nos cultures. Dans cette hypothèse, il est juste de reporter ici le mérite de son introduction à la personne qui nous le fit connaître. Ce fut notre compatriote, M. Masson, bien connu comme habile horticulteur et inventeur d'un très-bon procédé de conservation des lé-

gumes par la compression. Il en avait envoyé quelques grains
à la Société d'agriculture. Peu d'années après, ces grains
s'étaient assez multipliés pour servir à ensemencer plusieurs
hectares.

Depuis peu de temps, une autre espèce a été introduite
dans les montagnes des environs de Thiers, notamment à
Saint-Victor, où elle porte le nom de *seigle bourru*. Elle
y réussit bien, et on la trouve productive et de bonne qualité.

Dans les meilleures conditions de précocité, comme il
s'en trouve sur quelques localités du canton de Lezoux, les
premières moissons de seigle se font vers le 20 juin. Les
montagnes, au contraire, ne coupent les leurs que plus
tard et jusqu'en août et septembre. Sur les points les plus
élevés, on voit même quelquefois cette récolte détruite par
des neiges précoces devançant la moisson. Il arrive aussi,
mais assez rarement, sur ces hauteurs (comme aux Pra-
deaux, près Saint-Anthème, et à Laqueuille), que la récolte
des seigles ne s'achève que lorsque ceux des semis de l'année ont déjà levé.

Le *méteil*, plus connu dans le pays sous le nom de *con-
seigle*, ne forme qu'une très-petite exception dans nos
semailles d'automne. Il semble être plus admis pour les
terres à seigle que pour les autres.

*Orge.* — Nous ne devons qu'une assez courte mention à
l'*orge d'hiver*, un peu connu aux environs d'Ambert et dans
un petit nombre d'autres endroits encore, mais sans avoir
acquis nulle part la moindre importance.

Il n'en est pas de même de l'*orge ordinaire à deux rangs
de printemps*. La plaine, dont elle ne dépasse guère les limites, du moins pour jouer un rôle de quelque valeur, en
sème d'assez grandes quantités. Sa place la plus habituelle
est après un froment. Trop souvent aussi elle le précède ; et
quand cela arrive, c'est pour utiliser un bêchage d'hiver.

Quelques communes de la montagne de l'ouest en sèment, mais dans de très-minimes proportions, et ce n'est pas dans les parties les plus élevées.

La semence, répandue à la volée, est enterrée par un labour à l'araire. Sur ce labour on passe la planche pour aplanir le sol. Cela rend plus facile le fauchage, qui est le mode ordinaire employé pour la moisson de cette céréale.

On comprend que l'orge, succédant à un froment, même sarclé avec un certain soin, soit envahie par de nombreuses herbes dont les graines n'avaient pas été mises en position de pouvoir germer et naître jusque-là. C'est ce qui arrive en effet, et cette récolte serait infailliblement anéantie bien souvent par des ravenelles, assez nombreuses pour répandre sur les champs, par leur floraison, une belle teinte jaune, si des sarclages opérés à ce moment ne débarrassaient les orges d'une concurrence aussi nuisible.

La récolte, après avoir été fauchée, n'est pas mise en gerbes, mais ramassée en longs tas avec des râteaux avant d'être chargée sur des chars pour être conduite dans les granges. La moisson de cette céréale coïncide presque toujours avec celle du froment, et se commence même parfois plus tôt.

L'orge a perdu beaucoup de son utilité comme matière alimentaire pour l'homme ; mais la brasserie, qui a pris une certaine extension, l'engraissement des bœufs, et bien plus encore celui des vaches et des cochons, en demandent d'assez notables quantités.

Sa paille est très-estimée pour succédanée du foin dans la nourriture du gros bétail pendant l'hiver.

Il a été fait quelques tentatives pour introduire l'*orge nue ;* mais elles sont demeurées jusqu'à présent sans résultat.

*Avoine.* — La culture de l'avoine est primée par celle de l'orge dans toute la Limagne ; mais partout ailleurs les rôles sont intervertis. On la trouve jusqu'aux dernières limites qu'atteint le labourage dans les montagnes ; seulement elle s'y présente sous des aspects différents. On ne voit plus là des pailles hautes et fortes, presque à l'égal de celles des froments auprès desquels on la sème dans la plaine. Le grain aussi est beaucoup moins nourri. La variété dite *pied de mouche* y est seule connue, parce qu'elle s'accommode parfaitement du sol et du climat.

Les imperfections de cette petite avoine sont en partie compensées par l'ardeur qu'elle développe chez les chevaux qui en sont nourris.

L'*avoine grise* ordinaire est la plus répandue. Le second rang sous ce rapport appartient à l'*avoine noire de Hongrie ;* le troisième, à l'*avoine blanche unilatérale.*

L'avoine grise est connue de temps immémorial ; les deux autres espèces sont des importations de dates assez récentes ; la première devient blanche quelquefois. Cette altération de la couleur s'est produite dans une très-forte proportion sur les récoltes des années 1858 et 1859, dont les étés furent remarquables par l'intensité de la chaleur et par la longue durée de la sécheresse qu'aucune pluie n'est venue tempérer.

On reconnaît des qualités supérieures à l'avoine noire ; son grain se distingue par son poids, qui lui vaut une plus grande faveur sur les marchés. On reproche à cette espèce de s'égrener plus facilement que d'autres, ce qui entraîne des pertes si on ne la récolte pas avant sa complète maturité, et de donner une paille un peu trop grosse pour bien nourrir le bétail.

On considère comme les plus productifs les semis de février ; le mois de mars est celui qui voit se faire le plus grand nombre de semailles d'avoine ; mais on les continue volontiers pendant les mois d'avril et mai toutes les fois qu'on a été empêché d'y procéder plus tôt.

Ce qui est une époque tardive pour la plaine est la saison

la plus convenable pour les régions élevées. Ne faut-il pas laisser aux neiges le temps de fondre et aux champs celui de se ressuyer avant d'y conduire les instruments de labourage?

Les semailles se font comme pour l'orge : c'est du moins la règle la plus générale. Quelquefois on emploie la herse pour enterrer le grain. Lorsque l'avoine est semée sur des terrains de nature à retenir les eaux pluviales, on divise le champ en planches comme pour le froment et le seigle, mais en leur donnant plus de largeur.

De même que les autres céréales, les avoines sont soumises au sarclage.

Pour la moisson, les uns emploient la faucille, d'autres la faux ; dans ce dernier cas, on opère comme pour l'orge ; dans le premier, on met en gerbes qu'on lie avec de la paille de seigle ou de froment, si l'avoine est restée courte.

Le poids de l'hectolitre des bonnes avoines est de 45 à 50 kilogrammes. Il n'est que de 30 à 35 kilogrammes pour les pieds de mouche.

Cultivée dans les conditions si diverses que nous venons d'indiquer, on conçoit que son rendement soit très-variable en raison de ces différences mêmes.

La paille comble les déficits du foin et forme souvent une assez forte partie de la ration des bêtes à cornes quand elle ne la compose pas entièrement.

*L'avoine d'hiver* ne se montre que sur un bien petit nombre de champs de l'arrondissement d'Ambert. On cite quelques essais sans beaucoup de suite dans les montagnes de Thiers. Quelques agriculteurs à Pontgibaud, ou sur les hauteurs qui avoisinent Clermont, en sèment aussi.

*Sarrasin.* — Quelques communes de la montagne cultivent le sarrasin sur une plus ou moins grande échelle. Elles appartiennent aux cantons de Tauves, Rochefort, Herment, Pontgibaud, Pontaumur, Pionsat, Ménat, Montaigut. On en voit aussi un peu dans l'arrondissement d'Ambert.

# CHAPITRE XV.

## Plantes légumineuses à semences farineuses.

*Fève.* — La fève n'est bien à sa place que dans les champs de la Limagne. Les deux variétés de l'espèce ordinaire, celle d'*hiver* et celle de *printemps*, y sont seules admises.

On reproche à la fève d'hiver d'être moins productive et d'une réussite moins assurée qu'autrefois ; aussi a-t-elle perdu un peu de la faveur dont elle a joui en d'autres temps.

Elle est semée en lignes dans les raies ouvertes par l'araire pour rompre un chaume de céréale et sans aucune autre culture préalable. La graine n'est répandue que dans une raie sur deux. Les lignes se trouvent ainsi espacées de $0^{m},40$ au moins. Il résulte aussi de là qu'un seul semeur suffit là où fonctionnent deux araires. Cette manière d'opérer s'appelle semer à *raies perdues*.

Les fèves reçoivent au printemps un binage et un sarclage, pour arracher les herbes que le hoyau ou la pioche n'a pu atteindre dans les lignes.

Celles de printemps sont aussi cultivées en lignes, binées et sarclées comme les autres.

Souvent les lignes sont beaucoup moins espacées que pour les fèves d'hiver. Quelquefois aussi, après deux lignes à vingt centimètres environ l'une de l'autre, on laisse vide un espace double, et on a ainsi alternativement deux lignes rapprochées qu'un large intervalle sépare de deux autres.

Beaucoup de cultivateurs coupent les sommités des plantes de l'une et de l'autre variété après la floraison, et les donnent à manger à leur bétail.

Pour la récolte des fèves, on n'emploie ni la faux ni la faucille ; on les arrache. On n'attend pas pour cela que leur maturité soit parfaite ; elle s'achève après la cueillette. A cet effet, on les met en bottes que l'on réunit par petits groupes, appuyées l'une contre l'autre par leurs sommets et dans une position inclinée, les racines portant à terre ; elles sont laissées sur le champ tout le temps nécessaire pour compléter leur dessiccation.

La fève est recherchée pour l'engraissement des cochons, lorsque les achats de la meunerie et de la boulangerie n'en font pas monter le prix trop haut.

Celles qui sont exportées suivent les mêmes directions que les blés.

La paille de fève est exclusivement employée au chauffage des fours pour la cuisson du pain, et sa cendre fort estimée pour le blanchissage du linge ; aussi se vend-elle cher.

Pour la culture de la fève comme fourrage, voir le chapitre **XXIII**.

*Pois.* — Moins importante que la culture des fèves, celle des pois n'est cependant pas confinée dans un cercle aussi étroit. Leurs exigences, sous le rapport de la qualité du terrain, sont moins absolues. On en voit réussir sur des sols légers et dépourvus de calcaire, et jusque dans la demi-montagne. Partout ils ne sont considérés que comme un produit secondaire.

Les diverses variétés que l'on destine à la nourriture de l'homme, sont semées au printemps et à raies perdues, sur terrain le plus souvent bêché et fumé.

Le pois d'hiver est traité comme la fève de la même saison.

La paille de pois, convenablement récoltée, sert de fourrage pour le bétail, et surtout pour les moutons.

*Haricot.* — Le haricot se montre dans les mêmes localités que le pois et sans s'élever plus que lui au rang de récolte principale, mais on lui donne plus de soin. Pour lui, le terrain est plus habituellement fumé et bêché.

Plusieurs espèces de haricots sont adoptées pour les semis en plein champ, les uns à cause de leur meilleure qualité pour être mangés en vert, les autres plus estimés pour celle de leur grain.

La paille est considérée aussi comme un bon fourrage.

*Lentille et Gesse.* — Nous citons ici ces deux plantes pour n'en omettre aucune de celles qui occupent dans nos champs une place, si restreinte qu'elle soit.

*Vesce.* — Tout l'arrondissement d'Ambert et celui de Thiers, à l'exception de sa lisière occidentale, s'abstiennent de la culture de la vesce. Toute la plaine et quelques parties même assez élevées des montagnes de l'ouest, telles que les cantons de Pontaumur, Rochefort, Tauves, s'y livrent au contraire. Mais partout, quoique à des degrés divers, son grain ne joue qu'un rôle très-accessoire parmi les produits de notre agriculture.

Des deux variétés, celle d'*hiver* et celle de *printemps*, la seconde est la plus répandue.

Les semis se font à la volée ou en lignes. Ce dernier mode a le mérite de laisser une moindre partie de la semence exposée aux déprédations des pigeons.

Sa paille est très-estimée pour l'alimentation du bétail, lorsque la verse ou d'autres causes n'en ont pas altéré les propriétés nutritives.

*Jarosse.* — La jarosse se cultive comme la vesce et a sur elle le mérite de s'accommoder mieux des sols siliceux ; elle a aussi la propriété de résister mieux à la gelée. Sa culture est cependant beaucoup moins répandue ; elle n'existe pour ainsi dire que dans quelques localités des arrondissements d'Ambert et d'Issoire, et ailleurs sur de très-rares parcelles.

# CHAPITRE XVI.

## Plantes cultivées pour leurs racines.

*Pomme de terre.* — La pomme de terre est devenue tellement indispensable à l'homme, que partout où il a établi sa demeure, sur quelque point que ce soit du département, elle l'a suivi. On est sûr de la rencontrer à toutes les hauteurs, depuis les alluvions qui bordent nos rivières jusqu'auprès de la région où il n'est plus possible de demander à la terre de produire autre chose que des herbages et des bois. Avec des chances très-diverses de réussite, on la confie à toutes les natures de sols. Avec certaines nuances peut-être dans la perfection des procédés, dans l'à-propos des façons, elle est partout l'objet d'une culture soignée.

A l'exception de ce qui se passe dans quelques domaines, où l'on emploie la charrue à la préparation des champs destinés à la pomme de terre, on peut considérer les labours à la bêche comme les seuls qui servent à cette préparation. Bêcher pour sa récolte de pommes de terre est une des principales occupations de l'hiver pour le cultivateur auvergnat.

Les défrichements de luzerne qui se font plus spécialement dans cette saison, parce qu'alors les bras sont plus abondants, lui sont assez généralement consacrés; ceux de sainfoin aussi parfois. Quand elle se place entre deux céréales, elle reçoit des fumures proportionnées aux ressources des cultivateurs. Quelquefois les engrais sont apportés sur le champ, seulement pendant la végétation de la plante, pour être enfouis par les binages.

Beaucoup de manouvriers de la campagne et même de

ceux qui, dans les villes, donnent habituellement leur temps à l'industrie ou à divers métiers sans rapport avec l'agriculture, deviennent colons de petites parcelles pour faire leur provision de pommes de terre. Le plus ordinairement, toutes les cultures et l'arrachage sont à la charge du colon seul; il fournit sa part de tubercules pour la plantation et reçoit la moitié de la récolte.

Si le fumier est parfois refusé à la pomme de terre, c'est dans de semblables cultures. Sans méconnaître la grande utilité du fumier, on attribue dans ce pays une telle vertu à un bon bêchage, qu'on en attend toujours d'assez utiles résultats. L'ouvrier espère trouver dans sa part du produit une suffisante rémunération de son travail; le maître du champ considère comme une rente dont il doit se contenter sa part de la récolte et le bon état dans lequel le terrain doit lui être remis, et il aime mieux réserver son fumier pour des champs dont il aura tout le produit que de le consacrer à ceux pour lesquels il aurait un partage de fruits à subir.

Evidemment, de bons sols, que des récoltes antérieures n'ont pas épuisés, peuvent seuls donner lieu à de semblables stipulations.

Auprès d'Ambert, il en existe de différentes entre la personne qui dispose de la terre et l'ouvrier, artisan ou prolétaire, qui veut cultiver des pommes de terre. Celui-ci a pour lui toute la récolte, mais il s'oblige non-seulement à bêcher et à donner toutes les façons d'entretien nécessaires pour bien détruire les mauvaises herbes, mais encore à fumer le champ, ce qu'il fait souvent avec des chiffons de laine. La terre revient alors, après la récolte, à celui qui l'avait livrée au colon et qui lui confie, avec de grandes chances de plein succès, une céréale dont la récolte intégrale lui appartiendra. Dans cette région et jusqu'à une hauteur de 800 à 900 mètres au-dessus du niveau de la mer, la pomme de terre est assez productive pour alimenter une industrie importante, qui a donné à cette culture un développement considérable.

Les variétés de pommes de terre les plus répandues sont : la *jaune ordinaire*, la *jaune hâtive* (probablement la *schaw*), la *blanche*, la *rouge*, la *violette* (quelquefois appelée *bleue*).

La jaune hâtive, aussi nommée *juliette*, est fort appréciée dans certaines localités de la plaine, comme les environs de Maringues, où la culture de la pomme de terre, très-bien entendue, est aussi très-productive.

La blanche paraît convenir assez bien pour les terrains légers non calcaires.

Diverses autres variétés ont été introduites à diverses époques, sans beaucoup de succès. Parmi elles nous pourrions citer la **Rohan** et la **Yam**. Plus récemment, des essais ont été faits sur la pomme de terre **Chardon**. Des avis divers ont été émis sur les résultats, dont il n'y a encore aucune conclusion définitive à tirer.

Toutes les plantations sont en lignes espacées de $0^m,50$ au moins dans les bonnes terres et de $0^m,25$ tout au plus dans certains terrains légers. Les intervalles entre les plantes, dans chaque ligne, sont à peu près égaux à ceux qu'on laisse entre celles-ci.

Les plantations les plus épaisses donnent des tubercules très-petits, produits par des plantes aux tiges assez courtes. Peut-être cette coutume, que l'on se sent tout d'abord porté à trouver bizarre, est-elle fondée, aux yeux de ceux qui la suivent, sur des remarques propres à la justifier dans son application à des terrains pauvres ; c'est un point que nous avouons n'avoir pas vérifié au moyen d'expériences comparatives.

Des distances supérieures à $0^m,25$ en même temps qu'inférieures à $0^m,50$ ont été adoptées avec des chiffres variables suivant les localités.

Toutes les pommes de terre consacrées à la plantation

sont découpées en morceaux assez petits, à moins d'être petites elles-mêmes. Dans ce dernier cas, elles sont plantées entières ; beaucoup de personnes les rebutent.

Rarement ce que l'on est convenu d'appeler la semence est enterré au moyen de la charrue ; il l'est souvent avec l'araire, non moins souvent peut-être avec la bêche, après avoir été déposé dans un trou que le même outil vient d'ouvrir à une profondeur de $0^m,10$ à $0^m,12$. Pour les terrains légers, la petite culture remplace volontiers l'araire par la pioche.

Les mois d'avril et de mai sont l'époque la plus ordinaire pour cette opération, dans la Limagne. Sur certains terrains argilo-siliceux légers, on ne craint pas de la continuer en mai et même jusque assez avant dans le mois de juin. On peut alors faire succéder la pomme de terre au trèfle incarnat.

Dans les cultures les mieux soignées, les premiers binages sont donnés aussitôt que les jeunes plantes peuvent être facilement aperçues, et renouvelés aussi souvent que cela est nécessaire, soit pour empêcher les herbes adventices de s'installer sur le sol, soit même seulement pour en ameublir la surface. Les carrés d'un jardin ne sont pas mieux façonnés.

Les rendements sont alors considérables.

L'époque de la cueillette a été beaucoup avancée dans les cantons où l'on sème la jaune hâtive. Cela se fait, il est vrai, pour les besoins de la consommation du moment ou pour répondre aux demandes du commerce d'exportation, qui paie d'assez bons prix pour ces premiers produits, et non en vue d'emmagasiner les pommes de terre pour l'hiver.

Mais, dans tous les cas, leur maturité moins tardive que chez d'autres espèces permet d'en débarrasser les champs beaucoup plus tôt que lorsqu'on y a planté ces dernières.

Continuée, pour les espèces moins précoces, pendant octobre, la récolte ne s'achève souvent qu'en novembre. Il n'est même pas rare, sur les terres à seigle, de voir l'arrachage s'opérer après les premiers semis de cette céréale achevés. Si celle-ci doit succéder à la pomme de terre, la semaille ne se fait qu'en seigle de la seconde saison.

Lorsque les lignes sont très-espacées, la bêche ou la pioche employée pour arracher les tubercules ne fouille que sur la place occupée par chaque touffe. Dans les cas contraires on pioche tout le champ, qui se trouve alors d'autant mieux préparé pour recevoir immédiatement une semaille de céréale.

Des agriculteurs dont les souvenirs peuvent embrasser une longue période d'années prétendent que la pomme de terre produit moins aujourd'hui qu'autrefois. La culture n'en est cependant pas moins bien entendue de nos jours, si même elle ne l'est pas mieux, notre agriculture en général ayant fait d'incontestables progrès.

Si cette décroissance des produits est réelle, il faut admettre que le nombre des hectares consacrés annuellement à la pomme de terre a dû suivre une marche tout inverse. Les besoins d'une population plus nombreuse, pour laquelle ce tubercule est devenu un aliment de première nécessité; l'engraissement d'un bétail plus nombreux aussi, des porcs surtout, en exige évidemment de plus grandes quantités. Mais ce n'est pas tout. La féculerie et l'exportation sont venues ajouter leurs demandes à celles de la consommation locale.

Nous ne nous occuperons ici que de l'exportation, devant traiter ailleurs de l'industrie de la fécule.

Lyon et Saint-Etienne nous enlèvent d'importantes quantités de pommes de terre. Le courant qui s'est établi de ce côte-là, existe depuis un certain nombre d'années déjà. Quelques expéditions ont été faites aussi pour Paris en 1860.

C'est principalement sur les marchés de Maringues et d'Aigueperse que se traitent les grands achats pour le dehors. Aussi ces marchés acquièrent-ils, sous ce rapport, une importance croissante. La qualité de la marchandise doit être pour beaucoup dans les motifs qui attirent là les spéculateurs étrangers, car on voit sur leurs magasins à Lyon et à Saint-Etienne cette inscription : *Pommes de terre de Maringues*, comme cette autre moins spéciale : *Pommes de terre d'Auvergne*.

Et puisque nous parlons de la qualité de ce produit, n'omettons pas de citer un changement qui s'est opéré dans l'opinion des consommateurs d'une certaine partie du département sur les mérites des pommes de terre récoltées dans les fortes terres argilo-calcaires de la Limagne, comparativement à celles venues sur des terrains argilo-siliceux légers de communes très-voisines. Celles-ci, trouvées meilleures autrefois, sont tenues aujourd'hui pour très-inférieures. Cela viendrait-il d'un changement d'espèce, de l'introduction de la jaune hâtive, par exemple, cette variété si recherchée de nos jours dans la Limagne, ou bien d'une culture faite avec plus de soin ?

Les pommes de terre sont portées dans des sacs sur les marchés dont nous venons de parler, et l'usage était de vendre à prix débattu le contenu de ces sacs d'une capacité assez variable. Pour le commun des acheteurs, ce mode de transaction prévaut encore ; mais le commerce veut des bases moins incertaines pour ses opérations ; aussi les achats pour l'exportation hors du département se traitent-ils au poids.

En 1860, le prix du quintal métrique s'est élevé jusqu'à dix francs sans descendre au-dessous de six francs.

La maladie spéciale de la pomme de terre a été observée chez nous comme ailleurs pour la première fois en août 1845, époque où elle se manifesta d'une manière si brusque et avec une si funeste intensité. Les diversités de sols, de climats et de circonstances météorologiques ne paraissent pas avoir exercé d'influence appréciable sur cette épidémie. Des localités où elle avait sévi ont été ensuite épargnées, puis de nouveau atteintes par le fléau. On s'accorde toutefois à lui reconnaître une marche décroissante.

Ce qui est plus positivement observé, c'est sa tendance à faire son apparition à des époques de moins en moins tardives. Pendant quelques années, celle-ci s'était manifestée un mois plus tôt qu'au début, c'est-à-dire en juillet. Pendant l'été de 1859, si remarquable par la persévérance et l'intensité de la sécheresse, elle a eu lieu en juin. Aucune variété ne peut être considérée comme ayant été complètement épargnée, la *chardon* comme les autres.

Les cultivateurs ont épouvré bien des déceptions et des pertes par l'effet de cette maladie ; mais jamais ils ne se sont laissé décourager. Ils n'ont pas pensé sans doute qu'une récolte si indispensable à leur bien-être pût jamais leur être ravie complétement. La crise qu'ils subissaient n'était à leurs yeux qu'un temps d'épreuves. Loin de réduire leurs ensemencements, ils doivent les avoir augmentés au contraire, si nos réflexions précédentes, fondées sur des faits qui semblent les justifier, sont exactes.

*Topinambour.* — Malgré les ressources qu'il offre pour la nourriture du bétail, le topinambour est encore peu répandu. Quelques exemples sont donnés, et il est probable qu'ils finiront par trouver de nombreux imitateurs parmi les personnes qui exploitent des terrains assez peu fertiles pour se prêter mal à la production des pommes de terre et des racines fourragères.

La propriété que possède cette plante de se succéder à elle-même, et pendant de longues années, sur un même terrain, moyennant un labour annuel, quelques binages et un peu de fumier, et sans exiger d'une manière rigoureuse de nouvelles plantations, rachète suffisamment le reproche qu'on lui fait de ne pouvoir pas, sans de graves inconvénients, prendre sa place dans un assolement régulier.

La richesse de ses tubercules en principes nutritifs compense en partie l'infériorité de son rendement en poids. La valeur de ses feuilles et de ses tiges comme fourrages achèverait peut-être de l'en relever si des comparaisons attentives étaient faites sur ce sujet.

Ce qui est certain, c'est que chez des agriculteurs de notre pays ces tiges et feuilles sont très-utilement employées pour l'engraissement quand elles sont mangées par des moutons. Ceux-ci n'en rejettent que les parties les plus grosses et les plus dures; mais ces rebuts mêmes ne sont pas perdus: les bêtes à cornes s'en montrent friandes et les cochons les mangent aussi.

Les bêtes à cornes ne s'accommodent pas moins bien que les moutons des feuilles et des parties tendres des tiges, ainsi que des tubercules.

La récolte des tiges, qui se fait avant qu'elles aient été atteintes par les premières gelées, exige quelques soins pour éviter les altérations que pourraient produire les intempéries de cette saison. On est obligé d'en faire des moyettes pour en obtenir la dessiccation. Ce serait se résoudre à une perte réelle que de ne les cueillir qu'en état de servir comme combustible.

*Rave.* — De toutes les plantes cultivées pour leurs racines la plus anciennement connue dans notre pays, c'est la rave. L'espèce la plus répandue est plate, blanche, si ce n'est auprès du collet, où elle est colorée en rose violacé; d'autres sont toutes blanches. Elle appartient aux cultures de la montagne comme à celles de la plaine.

Les semis ont lieu sur chaumes de seigle ou de froment,

le plus souvent sur les premiers, parce que la rave est surtout le fourrage-racine des terrains propres à cette graminée. L'époque moins tardive de la moisson de celle-ci est d'ailleurs une circonstance très-favorable au semis de la rave, à cause de la plus grande précocité des semis.

Aucune fumure spéciale ne lui est donnée, mais on choisit les sols les plus profonds, les mieux préparés, et les plus abondamment engraissés pour la récolte précédente.

Pour les semis de raves le chaume est rompu le plus tôt possible, à moins d'une sécheresse extraordinaire. La graine est répandue à la volée, puis couverte par un trait de herse ordinairement toute en bois ou par le passage de la planche. D'autres fois cette semence est jetée sur le champ avant tout labour, puis enterrée par deux façons à l'araire.

Un premier binage est donné aussitôt que les jeunes plantes peuvent être aisément distinguées. Si elles sont trop épaisses, on en supprime un grand nombre dans ce premier travail pour les mettre à une distance convenable les unes des autres, environ trente centimètres en tout sens; le champ reçoit plus tard une nouvelle façon. Ainsi du moins se comportent les cultivateurs soigneux.

Les ouvriers des localités où cette culture est très-répandue, font ce travail avec une dextérité d'autant plus remarquable que la large pioche dont la plupart d'entre eux se servent semble moins s'y prêter. Ils savent en effet très-bien conduire leur outil à travers une espèce de lacis de chaumes couchés dans tous les sens, au milieu desquels se montrent les jeunes plantes qu'il faut débarrasser de tout voisinage incommode et par conséquent nuisible.

On commence à arracher les raves dès l'automne, c'est-à-dire lorsque les fourrages verts et le pâturage des prés n'offrent plus aucune ressource pour la nourriture du bétail. Cette opération se continue pendant tout l'hiver au fur et à mesure des besoins. On a soin toutefois de faire de plus amples provisions quand on croit avoir à craindre des séries un peu longues de jours froids. Cet usage se maintient, quoiqu'il expose la récolte à des avaries assez considérables que peuvent produire sur les racines comme sur les feuilles des gelées d'une certaine intensité survenant lorsque la neige fait défaut sur la terre.

Les raves qui n'ont pas été nécessaires pour la consommation de l'hiver sont laissées en place. Dès le premier printemps leurs tiges florales se développent en se ramifiant, et servent aussi de fourrage jusqu'au moment de la floraison. Si cet arrachage n'a pas été trop retardé, les racines conservent encore leur pulpe nutritive.

On n'a garde de laisser perdre les feuilles dont le bétail à cornes et les moutons s'accommodent fort bien.

*Navet.* — Les semis de navets sont infiniment plus rares que ceux de raves. Ils se font et se traitent de la même manière; leur utilité et leur emploi sont aussi les mêmes. L'espèce à peau grise est la plus cultivée.

*Rutabaga, chou-rave.* — Ce sont là des plantes qui ne se montrent que dans de très-rares exploitations, et auxquelles nous ne devons rien de plus qu'une simple mention.

*Betterave.* — Nous croyons pouvoir fixer l'apparition de la betterave dans nos champs à l'époque où, sous le règne de Napoléon Ier, un essai de fabrication de sucre fut tenté dans le département. Sous l'influence d'un décret impérial de ce temps, des semis assez étendus durent être faits; mais après l'insuccès de l'opération industrielle qu'ils devaient alimenter, la betterave ne trouva plus faveur que chez un petit nombre de propriétaires éclairés, et seulement pour la nourriture du bétail.

Plus tard, de nouvelles sucreries furent créées, et la betterave dut reparaître; cette fois, ce fut pour s'installer d'une manière définitive, car depuis lors sa culture a été constamment en progrès.

Les immenses besoins de la fabrique de Bourdon ont considérablement contribué à cela, tant par la place importante que la betterave occupe dans ses nombreux domaines, que par les achats qu'elle fait à une multitude de cultivateurs sur divers points du département.

Nous ne cultivons guère que deux variétés : en première ligne, il faut placer la *blanche de Silésie*, préférée pour le sucre et employée aussi pour le bétail; au second rang, la *disette*, qui ne sert que comme fourrage. Pour cette destination, on a fait dans ces derniers temps quelques semis de la *betterave globe jaune*, mais ce ne sont là que des essais pour obtenir des rendements plus forts ou des produits de meilleure qualité.

On fume toujours pour cette plante, et même assez abondamment. On trouve très-profitable, dans la Limagne, de semer sur un champ qui vient de porter du blé, et aussitôt après la moisson, des vesces qui, étant enfouies en vert, sont considérées comme une bonne préparation pour la betterave. La fumure se complète avec une certaine quantité d'engrais d'étable.

Les labours se font avec la charrue, ou le plus souvent avec la bêche durant l'hiver. Dans les domaines exploités par la société sucrière de Bourdon, les champs destinés à la betterave sont généralement passés à la charrue aussitôt après la moisson des céréales.

On sème sur place en lignes espacées de quarante à cinquante centimètres, et les intervalles entre les plantes dans chaque ligne sont de trente centimètres après l'enlèvement de toutes celles qui sont inutiles. Les semis, commencés en mars, se continuent pendant le mois d'avril et se font à la main.

Deux ou trois façons à la binette ou au hoyau sont données à cette récolte, la première dès que les lignes de plantes peuvent être aperçues. Lorsque la betterave a acquis un certain développement, des cultivateurs, en assez grand nombre, l'effeuillent d'une manière même excessive, au risque de contrarier sa végétation, pour obtenir un très-pauvre fourrage. Mieux avisés, ceux qui la cultivent pour la vendre à la fabrique, suivent son exemple, ou n'enlèvent que les feuilles à peu près mortes. Le produit du décolletage même est laissé sur le champ pour y être enfoui, après toutefois qu'on y a fait passer des troupeaux de moutons pour en manger les parties les plus nourrissantes.

L'arrachage dure à peu près un mois à partir de la mi-octobre. Les premières gelées de l'automne commençant à se manifester dès les premiers jours de novembre, on ne peut jamais considérer comme bien assurée la conservation des betteraves qui ne sont pas encore rentrées ou mises en silos à cette époque.

Le rendement est assez variable d'une année à l'autre, et, en ne prenant que des moyennes pour les bonnes récoltes comme pour les mauvaises, on peut estimer les bonnes récoltes à quarante-cinq mille kilogrammes par hectare et les faibles à vingt-cinq mille kilogrammes.

Des renseignements émanés de Bourdon portent son rendement moyen pour toutes ses fermes à quarante mille kilogrammes, et ajoutent que dans les terres des communes d'Aulnat, de Gerzat et de Lempdes, il a obtenu jusqu'à quatre-vingt-cinq mille kilogrammes. Cette usine a acheté les mille kilogrammes au prix de vingt francs; depuis elle a réduit ce prix à seize francs.

Une singulière erreur de langage a, pour ainsi dire, fait perdre chez nous à la betterave son véritable nom. On dit bien encore *sucre de betterave, alcool de betterave;* mais est-il question de la plante dont ces substances sont extraites, presque tout le monde lui appliquera la dénomination de *carotte*, ce qui a conduit, comme nous le verrons dans l'article suivant, à en chercher une autre pour la racine connue partout ailleurs sous ce nom.

*Carotte.*—La carotte blanche à collet vert est la seule qui soit cultivée pour fourrage dans le département, où elle est appelée tout simplement *collet-vert*. Cet usage est la conséquence de celui que nous venons de signaler comme s'étant introduit à l'occasion de la betterave. La carotte vraie ayant perdu son nom il a fallu lui en trouver un autre, puisqu'on n'avait pas supprimé la chose.

La carotte réussit très-bien dans ceux de nos sols qui conviennent à la betterave ; mais elle a sur celle-ci l'avantage de s'accommoder de sols même très-légers, pourvu qu'ils aient de la profondeur, où la betterave refuse de croître.

Quoiqu'elle soit beaucoup moins répandue, on peut la considérer comme définitivement acquise à nos cultures.

La préparation de la terre, le semis, les binages, l'arrachage se font comme pour la betterave ; mais on n'effeuille pas pendant la croissance. Toutefois on ne néglige pas, après la récolte, de recueillir les feuilles qu'on a détachées avec le collet, à cause de leurs propriétés nutritives.

Pour son rendement en poids la carotte est égale à la betterave.

## CHAPITRE XVII.

### Plantes oléifères.

*Colza.* — Il s'en faut de beaucoup que le colza ait été jusqu'à présent généralement adopté par les cultivateurs du Puy-de-Dôme ; et nulle part il n'est traité comme un objet digne de quelques prédilections. La Limagne semble le dédaigner, et c'est seulement autour d'elle, ou dans des cantons élevés de la moyenne montagne, par conséquent sur des terrains beaucoup moins fertiles que le sien, qu'on le voit occuper des espaces encore assez restreints.

Il n'est pas question ici de pépinières abondamment fumées et labourées profondément, mises en un mot en état de fournir des plants vigoureux pour des plantations à faire avec soin sur des champs bien préparés eux-mêmes. Aussitôt après la moisson d'un froment ou d'un seigle, le terrain est labouré deux fois avec l'araire, et reçoit ensuite la semence que l'on enfouit au moyen de la herse et de la planche. La seule précaution que l'on prenne, c'est de choisir pour cette semaille des champs qu'on avait assez bien préparés et fumés pour la récolte précédente. A l'automne, on donne un binage qui est quelquefois renouvelé au printemps. Quelques personnes, dit-on, ont pratiqué le pincement de la tige principale et en ont obtenu de bons effets.

La moisson se fait en juin et en juillet, bien avant la maturité de toutes les graines, et lorsque les siliques ont à peine commencé de jaunir. Les gerbes, mises en très-petites meules sur le champ même, sont aussi battues sur place quelque temps après.

Le plus fréquent usage que l'on fasse des tiges, est de les

9

employer comme combustible pour les fours et comme litières. Peu de cultivateurs songent à utiliser les siliques pour
la nourriture du bétail. On les brûle sur place, ou bien on
les y laisse pourrir.

L'huile de colza est employée, dans un bon nombre de
ménages de paysans, aux divers usages culinaires pour lesquels ils avaient déjà l'habitude de se servir de celles de
noix et de chènevis, qu'ils n'avaient pas toujours en suffisante quantité.

Les tourteaux sont bien plutôt utilisés pour la nourriture
du bétail que comme engrais pour la terre.

*Chanvre.* — Voir chapitre XVIII, *Plantes textiles.*

*Pavot.* — Voir chapitre XIX, *Quelques cultures excep-
tionnelles.*

*Noyer.* — Voir chapitre XXXI, *Arbres cultivés pour
leurs fruits.*

## CHAPITRE XVIII.

### Plantes textiles.

*Chanvre.* — La remarque que nous avons faite en parlant de la pomme de terre, qui se montre chez nous partout où l'homme habite, peut s'appliquer aussi au chanvre. Dans les ménages des paysans, les femmes, tenues de fournir aux besoins de la maison en matière de linge, comme en beaucoup d'autres choses d'ordre secondaire, sont en droit d'exiger que les maris leur procurent le chanvre qu'elles devront filer, puis faire tisser à leurs frais, c'est-à-dire en payant le prix de ce travail sur le produit des ventes de menus objets qui sont dans leur domaine spécial, laitage, volaille, œufs, etc.

Auprès de chaque habitation, même sur de pauvres terrains, et à de très-grandes hauteurs, on rencontre partout au moins une chènevière. Des soins et des engrais accumulés, pendant une longue série d'années, ont fini par faire violence à la nature, et sont continués sans négligence pour ne pas compromettre le fruit de tant de peines. Dans les conditions défavorables, le champ est toujours petit, et le chanvre qu'il porte mince et peu élevé.

Mais cette culture se présente sous un tout autre aspect dans la Limagne. Le chanvre y est un produit de grande valeur et qui a sa place sur les marchés, tant pour sa filasse que pour son grain oléagineux.

Il y est pourtant bien déchu du rang qu'il occupa jadis parmi nos récoltes. Les prairies artificielles, la pomme de terre, la betterave sont venues s'emparer d'une partie du terrain qui lui fut consacré en d'autres temps. Certaines provinces, l'Anjou, le Dauphiné, par exemple, ont fait à la nôtre, sous ce rapport, une concurrence qui a entravé l'essor de nos cultures de chanvre, et l'ont fait même rétrograder. Autrefois, et encore pendant les vingt premières années du siècle actuel, des maisons de commerce se livraient à d'assez grandes spéculations sur ce produit. Elles étaient en relations suivies avec les ports de Nantes, Marseille, Toulon, et fournissaient aux approvisionnements de la marine pour la corderie. Les bateaux de l'Allier, puis de la Loire, dans la direction de Nantes, le roulage dans celui des ports de la Méditerranée, portaient des masses importantes de chanvre pour cette destination.

Aujourd'hui ce genre de commerce est complètement perdu pour notre pays.

Une partie de ses débouchés lui reste cependant; c'est celle que lui a conservée l'industrie du tissage, bien ancienne aussi dans les cantons où elle s'exerce. Ces cantons appartiennent aux arrondissements d'Ambert et de Riom ; leurs nombreux tisserands travaillent pour une exportation qui a son principal courant vers nos départements méridionaux.

La belle filature de Saint-Martin-lès-Riom a été établie depuis une vingtaine d'années, aux portes de la ville, tout près des lieux qui produisent le chanvre, et non loin d'une partie de ceux qui le tissent, pour suppléer, dans l'intérêt de cette fabrication, à l'insuffisance de la filature à la main.

De nos jours, le chanvre géant du Piémont, puis son dérivé, celui d'Anjou, sont venus disputer le terrain à l'espèce ordinaire, mais sans la supplanter, à beaucoup près. Leur fibre plus grossière et surtout leur moindre rendement en chènevis, défaut assez capital dans un pays où l'huile extraite de cette graine est un des éléments essentiels de l'alimentation du campagnard, ont fait contre-poids à d'autres qualités, qui les avaient d'abord recommandés à nos préférences, telles qu'une rusticité plus grande et une filasse plus abondante.

L'excellence des terres de la Limagne, parmi lesquelles on choisit encore les meilleures pour le chanvre, ne dispense pas des plus grandes précautions pour les bien préparer par un bon bêchage, de copieuses fumures faites avec les meilleurs engrais de ferme, en outre de la colombine qui leur sert souvent de complément.

Les semis faits, un gardien est préposé à la surveillance du champ, pour en éloigner les pigeons et autres oiseaux qui détruiraient les jeunes plantes à leur naissance.

L'époque de la semaille commence, pour les bons terrains, avec le mois de mai; elle se prolonge jusque dans la première quinzaine de juin pour d'autres, tels que ceux qui bordent la Limagne, dans la même plaine.

Le chènevis est répandu à la volée, sur une surface bien émiettée et aplanie, puis enfoncé par un labour à l'araire. Les semis en lignes sont rares.

Des sarclages soignés et quelquefois même des binages entretiennent une grande propreté dans les champs ensemencés en chanvre. Une exception doit être faite cependant en ce qui concerne ceux qui sont situés dans les alluvions de nos rivières, où la fraîcheur du sol peut favoriser, en dépit des sarclages, un développement abondant d'herbes adventices que le couvert du chanvre ne suffit pas à étouffer.

La première cueillette se fait après le 15 août, dans la plaine; la seconde commence vers le 15 septembre. Nous ne saurions expliquer pourquoi nos cultivateurs ont pris l'habitude de donner à celui qui mûrit le premier, au vrai mâle, le nom de femelle, et à l'autre par conséquent, celui de mâle; mais le fait existe et il est général.

Le battage du chènevis s'opère dans le champ, après que

les tiges, liées par grosses bottes près de leur sommet, sont
restées dressées une à une et soumises ainsi à l'action du
soleil.

Les résidus du vannage sont soigneusement recueillis
pour servir d'engrais et estimés pour cet usage.

Il n'est fait aucune culture spéciale de chanvre en vue
de la production du chènevis destiné au semis.

Nulle part aussi on ne sacrifie le grain pour obtenir par
un arrachage moins tardif une plus belle qualité de la
filasse dans les brins qui le portent.

Dans la meilleure partie de la Limagne, le chanvre, avant
d'être mis au routoir, subit une préparation préalable, le
*sérénage*. Elle consiste à étendre les brins en couches minces sur le sol et à les laisser dans cette position pendant
quelque temps nuit et jour. Ils acquièrent une sorte de
blanchiment, et de plus un degré de siccité suffisant pour
les mettre en état d'attendre sans dommage le moment du
rouissage, qui ne peut pas toujours avoir lieu immédiatement. Cette méthode est négligée dans les autres parties du
département.

Ce rouissage se fait dans des fosses ou routoirs disposés
*ad hoc*. C'est du moins ce qui se pratique dans les localités
où la production du chanvre a pris une certaine extension.
Ailleurs, une mare, un étang, un ruisseau en tiennent lieu.

Nos méthodes de rouissage ont été sévèrement critiquées
par M. Brière, directeur de la filature de St-Martin-lès-Riom.
(Voir *Bulletin agricole* du Puy-de-Dôme, année **1857**.)
Ce sont ces méthodes qui enlèveraient une partie de leurs
mérites, et par suite de leur valeur vénale, à nos chanvres,
dont la fibre est naturellement douée de beaucoup de finesse, de force et d'élasticité. Supérieurs en qualités à ceux
de l'Anjou et d'autres pays, qui se vendent plus cher, tout
leur désavantage, sous ce rapport, serait le résultat d'un
rouissage dans l'eau dormante, et pourrait disparaître par

la seule substitution de l'eau courante appliquée avec certaines précautions que M. Brière a indiquées.

Les chanvres de la plaine sont presque toujours vendus
sur pied à des habitants de certaines communes situées sur
les coteaux ou la demi-montagne qui la confine à l'ouest,
pour lesquels la préparation du chanvre cultivé par d'autres est devenue l'objet d'une spéculation renouvelée chaque année.

Le teillage, qui se fait tout à la main, est pour beaucoup
de gens un moyen d'utiliser les longues veillées et même
les mauvais jours de l'hiver.

Les femmes de la campagne se livrent encore à l'industrie de la filature à la quenouille : bien pauvre industrie
depuis la filature à la mécanique et la diminution de la
production du chanvre, et qui ne s'exerce guère que dans
les communes les moins riches au point de vue agricole.

Les tourteaux de chènevis sont recherchés pour l'engraissement des cochons, et se vendent moyennement depuis quelques années dix francs les cent kilogrammes.

*Lin.* — La culture du lin n'existe que dans un petit nombre de cantons de la montagne, tels que Rochefort, Besse,
Tauves, et encore n'y est-elle faite que dans les plus petites
proportions.

# CHAPITRE XIX.

## Quelques cultures exceptionnelles.

*Chou cabus.* — On voit assez souvent, dans les champs, près des habitations et parmi d'autres cultures, quelques choux destinés à la nourriture du cultivateur et de sa famille ; ce n'est pas de ceux-là que nous voulons parler, leur peu d'importance nous autorise à les passer sous silence.

Mais nous devons une mention spéciale à une spéculation dont le gros chou cabus est l'objet dans la commune de Seychalles (canton de Lezoux). Ce sont des champs entiers qu'on lui consacre, champs d'une médiocre étendue, il est vrai, parce que, le sol y étant riche, le morcellement y est grand. Toutefois cette culture, non seulement parce qu'elle se fait en dehors du jardin, mais aussi à cause de la destination des terrains qui lui sont affectés, pendant les années où elle ne les occupe pas, ne saurait autoriser à classer les personnes qui s'y adonnent parmi les jardiniers. Nous lui devons donc une place dans cet écrit.

Dès que commence la récolte des choux, on voit les habitants de cette commune, avec leurs *barcelles* chargées de ce légume, s'acheminer plusieurs fois la semaine vers les marchés de leur voisinage. C'est celui de Thiers qui leur offre le plus fort débouché. Il n'est pas rare d'y compter en un seul jour de quatre-vingts à cent voitures chargées de ces choux, autant qu'elles peuvent l'être, sur la place de cette ville, dont la nombreuse population ouvrière n'est pas seule à s'en approvisionner. Une quantité assez notable ne fait que passer d'une voiture sur une autre, pour prendre la direction des montagnes, et surtout celle de Saint-Étienne.

Cette culture est très-ancienne dans la commune de Sey-challes; on n'y conserve aucun souvenir de l'époque où s'est établi l'usage d'en faire l'objet d'un commerce.

On lui affecte les champs les plus fertiles sur un territoire généralement riche, et cela ne suffit pas encore à ses exigences. Il lui faut une fumure double de celle qu'exigent les autres plantes, cent soixante *barcelles* par hectare. En outre, le terrain est bêché deux fois, puis labouré avec l'araire, et enfin émietté avec la pioche avant de recevoir la plantation.

Celle-ci se fait à la fin du mois de mai, en lignes et à des intervalles d'un mètre en tout sens. Tous les plants sont achetés chez les maraîchers de Clermont.

Trois binages sont nécessaires à ces choux pendant qu'ils occupent le sol.

La cueillette, commencée en septembre, se termine en décembre. Le poids moyen d'un chou est de six kilogrammes, et son prix au lieu de production de dix centimes. Les basses feuilles, qui ne font pas partie de la pomme, sont utilisées pour la nourriture des vaches.

A une récolte de choux succède un froment ou un chanvre.

*Garance.* — Il y a peu d'années, nous aurions eu à citer cette plante comme une de celles qui se cultivent dans le pays d'une façon tout exceptionnelle. Une société exploitait alors une partie de l'ancien marais de Sarliève, pour la production de la garance, qui, assure-t-on, donnait une matière tinctoriale de très-bonne qualité. Des circonstances commerciales peu favorables ont déterminé depuis cette société à se dissoudre.

Cet essai de culture de la garance n'est pas le premier qui ait été fait dans le département. Immédiatement après le dessèchement du marais dit de Surat, une tentative de ce genre avait déjà eu lieu; c'est la première dont nous ayons connaissance. Au point de vue cultural elle avait réussi ; elle n'eut cependant pas de suite ; il en a été de même de celles que la Société d'agriculture provoqua aux premiers temps de son existence.

Ces faits apprendraient, si on ne le savait déjà, qu'une réciprocité de convenance entre la nature d'un terrain et les exigences d'une plante ne suffisent pas pour rendre profitable la culture de celle-ci. Les besoins, ou même seulement les habitudes du commerce, sont aussi au nombre des éléments du succès, et il n'est pas toujours facile de leur faire violence.

*Pavot.* — En France, le rôle principal du pavot est d'être traité comme plante oléifère. Chez nous, c'est à peine si quelques tentatives ont été faites dans cette direction.

Mais le pavot mérite un examen de notre part à un autre point de vue. C'est dans nos champs en effet, et aux portes de Clermont, qu'ont eu lieu les cultures provoquées par notre savant vice-président, M. Aubergier, pour servir d'abord à ses belles expériences sur l'opium indigène, et depuis à des préparations pharmaceutiques de qualité supérieure. Tel fut le jugement que l'Académie impériale de médecine elle-même en porta avec toute l'autorité qui appartient à ses décisions. Divers autres prix décernés par la société d'encouragement, par le jury du concours régional agricole, une médaille d'honneur obtenue à l'exposition universelle de 1855, une médaille d'or au concours agricole universel de 1856, ont témoigné de la haute utilité des travaux de M. Aubergier sur ce sujet.

La variété préférée par notre collègue est celle à fleur pourpre, qu'il considère comme la plus riche en opium. Le mérite de ce produit indigène est, en même temps que la bonne proportion de la morphine qu'il contient, la constance de cette même proportion.

Le suc laiteux du pavot, c'est-à-dire son opium, s'obtient par des incisions pratiquées sur la capsule. La durée du temps convenable pour cette récolte n'est que d'une huitaine de jours, et exige pour une culture de quelque importance l'emploi d'un grand nombre d'ouvrières dans un délai si court. C'est là, avec le haut prix de la rente de la terre dans nos bons cantons, un obstacle assez grave au développement de la culture du pavot.

Le produit par hectare n'est que de cinq à sept kilogrammes d'opium.

Les capsules, malgré les nombreuses incisions, très-superficielles il est vrai, qu'elles subissent pour que l'opium en découle, conservent la propriété de mûrir leurs graines, qui rendent de l'huile tout comme celles des espèces plus spécialement cultivées dans ce but.

*Laitue.*— M. Aubergier fait aussi cultiver en plein champ, auprès de Clermont, la laitue *(lactuca altissima)*. Soumise à des incisions sur sa haute tige florale, elle laisse échapper, comme le pavot, un suc laiteux, dont notre collègue extrait le *lactucarium*, substance éminemment calmante.

Le produit en suc de la laitue est dix fois plus abondant que celui de la plante qui donne l'opium.

*Mûrier.* — Comme la garance, le mûrier à fruits blancs est au nombre de ces végétaux tantôt prônés, tantôt délaissés, qui sont en ce moment dans une période de discrédit. Il en existe çà et là quelques sujets, dont plusieurs assez vieux pour démontrer que le sol et le climat, chez nous, ne lui sont pas absolument défavorables.

Le chapitre **xxxiv** contient nos observations sur les vicissitudes qu'a traversées dans le Puy-de-Dôme l'industrie sérigène.

# CHAPITRE XX.

## Prés naturels.

Les prairies artificielles ont été la cause indirecte de la destruction de beaucoup de prés naturels dans la Limagne. La richesse accumulée dans le terrain longtemps occupé par ceux-ci, promettait de très-abondantes récoltes en céréales à qui les défricherait. Beaucoup ont cédé à cette tentation, quand ils ont pu se procurer du foin par d'autres moyens. En général, les prés n'ont été conservés que là où ils peuvent être aisément arrosés, là aussi où le sol retient trop l'humidité pour se prêter avec avantage à d'autres cultures, et enfin quand la prairie est en même temps verger. Nous ne voulons pas dire toutefois que la possibilité d'irriguer ait toujours été un motif pour s'abstenir de défricher. La vérité est au contraire que bien des prés, longtemps soumis à l'arrosement et pouvant continuer de l'être, ont cessé d'exister, du moins dans la plaine.

Dans cette région, bien des ruisseaux ont un lit peu profond jusqu'à une distance plus ou moins grande du pied des montagnes dont ils descendent. C'est par leur réunion que se sont formés la plupart des petits vallons peu nombreux par lesquels la Limagne est coupée sur quelques points. Des barrages sur ces cours d'eau coulant presque au niveau du sol, et d'ailleurs très-peu larges dans la première partie de leur cours, étaient faciles à établir. Quelques pierres de taille, avec rainures pour la pose des vannes, engagées dans un petit massif de maçonnerie bâti en travers du lit et appuyé sur les deux bords, suffisent ordinairement pour remplir cet office. Les eaux font défaut seulement pendant les grandes sécheresses.

Quand les vallons sont un peu profonds, comme cela a lieu pour la Morge et quelques ruisseaux de moindre importance, il n'y a plus d'irrigation proprement dite : les débordements, l'infiltration et les sources sortant des pentes latérales, les eaux pluviales enfin descendant des plaines supérieures, sont les seuls moyens d'entretenir de l'humidité dans les prés.

Dans les vallées beaucoup plus larges de la Dore, à partir de Courpière, et surtout de l'Allier, les prairies font presque absolument défaut, ou plutôt elles n'existent qu'au débouché de leurs affluents et arrosées par eux. Nos deux principales rivières sont ainsi perdues pour l'irrigation. A la vérité, leur régime, très-souvent torrentiel, met de très-graves obstacles à leur dérivation. Peut-être serait-il plus prudent aux riverains de semer des plantes fourragères de longue durée dans leurs champs, que de persister à porter le labourage sur beaucoup de points exposés aux ravages de l'inondation ; mais c'est là une précaution dont, à tort ou à raison, ils paraissent peu se soucier.

Hors de la Limagne, les prairies naturelles se sont beaucoup mieux maintenues, et il y a plutôt tendance à en accroître l'étendue qu'à la restreindre. Sur certains plateaux au sous-sol argileux qui la dominent, beaucoup d'étangs grands ou petits avaient été créés dans des temps reculés. A ces époques, le moindre pli de terrain avait donné lieu à l'établissement d'une chaussée transversale pour y retenir l'eau pluviale ou de source, qui, de la partie supérieure du plateau jusqu'à la rivière, parcourait une longue suite d'étangs. Cela se voyait particulièrement dans le canton de Lezoux. La plupart de ces étangs ont été détruits et transformés en prés ; des traces des anciennes chaussées en accuseraient seules l'ancienne existence, si la nature du sol qui s'accumula jadis sous leurs eaux ne la faisait aussi reconnaître.

Quelques-uns de ces étangs ont été conservés, principalement en vue de créer des moyens d'irrigation sur des points où sans eux les eaux ne pourraient être amenées d'une manière utile.

Dans le même canton, quelques petits cultivateurs emploient pour faire des prés un autre moyen que nous allons décrire, parce qu'il témoigne de l'intérêt qu'on y attache à ce genre de propriété. Le sous-sol est-il assez argileux pour être un peu imperméable, et y a-t-il lieu d'espérer de trouver une certaine dose d'humidité dans ce sous-sol ou d'y amener de l'eau, même à la condition d'avoir préalablement enlevé une grande épaisseur de la couche arable pour en abaisser la surface? On ne recule pas toujours devant de semblables difficultés. Cette couche est fouillée sur une petite partie du champ d'abord, et portée sur le reste; des graines recueillies dans les greniers à foin sont répandues sur la partie creusée, et, un peu de fumier aidant, s'il est possible, la prairie est commencée. Nous disons commencée, parce que celle-ci doit recevoir, de loin en loin ou d'année en année, de l'accroissement par l'emploi des mêmes moyens. On a ainsi, d'un côté, une prairie assez lente à s'établir, et de l'autre un champ dont la couche végétale est considérablement augmentée. Mais à quel prix a-t-on obtenu ces deux améliorations? On l'ignore, parce que le petit propriétaire les fait sans compter, et surtout sans attribuer aucune valeur à ce labeur, exécuté, comme il dit, en temps perdu, c'est-à-dire quand les travaux de culture les plus essentiels chôment.

Plus que tous autres, les montagnards reconnaissent une grande utilité à leurs prés, et ils ont de bonnes raisons pour cela. Telles sont la courte durée de la saison où se font les cultures, les mauvaises chances que le climat fait courir aux céréales et le faible produit de celles-ci, enfin les bénéfices mieux assurés que leur procure le bétail. Nous pourrions citer aussi l'abondance des eaux, qui, soit qu'elles se trouvent rassemblées en petits ruisseaux au fond des vallons d'où elles sont faciles à dériver, soit qu'elles jaillissent en sources, sont habilement utilisées par ces cultivateurs. Ces dernières sont soigneusement recueillies dans des réservoirs (serves, gours) où elles sont accumulées, ainsi que les eaux pluviales, pour être répandues en temps opportun et en volume suffisant pour devenir efficaces.

*Irrigations.* — Les prés de la plaine, partout où leur surface est plane et très-peu déclive, sont irrigués par submersion. Hors de ces localités, l'emploi des rigoles (rases, bezeaux) de distribution des eaux est de toute nécessité. Le coup d'œil plus ou moins sûr de l'irrigateur est le plus ordinairement son seul guide, et l'on reconnaît aux montagnards une grande habileté dans ce genre de travail. On peut dire cependant qu'il se fait sans règles bien certaines. On a bien l'intention d'amener l'eau partout, et dans ce but on établit des rigoles en pente, prenant naissance au ruisseau ou aux rigoles d'amenée, dites *rases-mères;* des premières partent d'autres rases de distribution transversales à la pente et recueillant aussi l'eau qui a arrosé le terrain qui leur est supérieur pour la déverser à leur tour au-dessous d'elles; mais leur direction, nous le répétons, est déterminée sans le secours d'aucun instrument de précision.

Depuis une quinzaine d'années cependant, un certain nombre de propriétaires ont mis à profit les exemples donnés par MM. Paul de Féligonde, de Provenchères frères, de Lavaissière et le docteur Veysset, de Saint-Sauves, en adoptant un système d'irrigation par rigoles horizontales dont le tracé se fait avec le niveau. Les rigoles en pente qui leur amènent l'eau, servent aussi à la leur enlever quand elles l'ont eue pendant assez longtemps, et à la conduire sur d'autres points, ou même à en débarrasser complètement le pré quand il n'en a plus besoin. C'est, comme on le voit, un système méthodique d'irrigation à reprise d'eau. Il n'est employé jusqu'à présent que chez quelques propriétaires éclairés, qui ont appelé à leur aide le petit nombre d'irrigateurs capables d'en faire l'application que possède le pays.

L'usage le plus général est d'amener l'eau sur les prés au printemps, et quand on le peut, en été, pour provoquer la pousse des regains. Toutefois, dans plusieurs communes, tant de la montagne que de la plaine, cette opération se fait aussi en hiver, même sous la glace. On voit dès le mois de janvier, la grande prairie située au bas de la ville de Thiers, couverte de l'eau que la Durolle lui fournit alors avec abondance. Dans d'autres localités, cette opération commence dès le mois de novembre.

Les foins de prairies ainsi traitées ne sont peut-être pas les plus remarquables par leur qualité, mais leurs propriétaires ont sans doute appris, par expérience ou par tradition, qu'il y aurait beaucoup à perdre sur la quantité à agir autrement.

Quelques prés reçoivent du fumier ; mais il faut le dire, à peu d'exceptions près, cet engrais reçoit une autre destination, si ce n'est dans quelques localités où le foin est un des produits les plus recherchés. On emploie à ces fumures des engrais d'étable de tout genre, des balles pourries dans les cours, des terreaux, des vases déposées par les cours d'eau ; quelques-uns se servent de chaux ou de plâtre. Les cendres vives ou lessivées sont recherchées pour détruire ou plutôt amoindrir les joncs ou autres plantes qui se complaisent dans les terrains humides et acides ; enfin dans les prairies des environs de Thiers, on fait un assez fréquent usage de la poussière d'os, que tend pourtant à restreindre le haut prix que cet engrais a atteint depuis quelques années.

Dans certaines parties de la montagne au contraire,

on fume beaucoup les prés. Ils absorbent naturellement tout le fumier des domaines des plus hautes régions où toute culture est impossible. Ceux de la contrée située autour du puy de Dôme en reçoivent aussi assez fréquemment.

Ailleurs on délaie le fumier dans les *serves* pour améliorer l'eau d'irrigation ; cette méthode est peu répandue.

Dans les montagnes d'Ambert, les prés placés au-dessous des *jasseries* sont fumés au moyen des eaux qui, après avoir lavé les étables, sont recueillies dans des réservoirs.

Si d'autres localités de la montagne pratiquent convenablement la fumure des prés, il en est bon nombre qui la négligent.

Le fauchage commence dans la plaine vers la fin de juin ; l'époque en est plus retardée dans les hautes régions, où, pour les prés les plus élevés, comme ceux de la vallée du Mont-Dore-les-Bains, elle n'arrive qu'au mois d'août.

L'usage ayant prévalu parmi les agronomes de donner le nom de *prairies artificielles* aux semis de trèfle, de sainfoin et de luzerne, en réservant la dénomination de *prés naturels* pour ceux où les graminées dominent, nous placerons ici ce que nous avons à dire de certaines natures de prés qui, se rapprochant de ceux-ci par leur composition, s'en éloignent par leur courte durée.

En traitant des stimulants, nous avons déjà parlé des *parrats*, nature de terrains existant dans le haut des cantons de Besse et d'Ardes, soumis à des défrichements périodiques concourant avec le brûlis de leur pelouse arrachée et défrichée, et qui, après deux ou trois récoltes successives de céréales, se couvrent de nouveau et spontanément d'une herbe de bonne nature que l'on fauche ou que l'on fait pâturer, suivant le développement qu'elle acquiert.

Ailleurs, on fait dans des champs habituellement en culture, des semis de graminées (fromental, ray-grass, houque laineuse, dactyle, flouve odorante, etc.), et de légumineuses (trèfles ordinaire et blanc, minette, etc.), que l'on associe les unes avec les autres. Ces prairies temporaires, dans lesquelles nous ne comprenons pas les simples mélanges de trèfle et de ray-grass dont nous parlerons au chapitre suivant, et qui peuvent durer cinq ou six ans, sont plutôt à l'état d'essai que de méthode un peu répandue, mais elles donnent d'assez beaux résultats pour autoriser à croire que l'usage d'en faire de semblables finira par s'établir dans beaucoup de lieux pour lesquels elles créeraient de précieuses ressources. Cela n'est pas comparable sans doute à ces prairies créées à grand renfort d'engrais très-puissants et moyennant mille francs par hectare, dont la presse agricole a depuis quelque temps beaucoup entretenu ses lecteurs; mais tous les agriculteurs peuvent le faire, et, en le faisant, mettre ces champs en état de rentrer plus riches qu'auparavant dans l'assolement dont ils auront été momentanément distraits.

# CHAPITRE XXI.

## Prairies artificielles.

La culture des prairies artificielles est depuis longtemps définitivement fixée dans la Limagne. Des souvenirs empruntés à une génération déjà disparue, nous apprennent seuls les résistances opposées par les cultivateurs de cette région à l'introduction dans leurs assolements des plantes dont ces prairies sont formées. A leurs yeux, c'était alors folie d'ajouter, par d'imprudents semis, de nouvelles herbes à celles dont leurs céréales n'étaient déjà que trop empestées. Cela se passait au début du siècle.

Si, depuis cette époque, l'opinion, d'hostile qu'elle avait été, est devenue favorable à cette innovation, les choses n'en sont pourtant pas venues à ce point que, malgré la grande aptitude du sol à produire le genre de fourrages dont nous allons nous occuper, il leur ait été fait dans notre belle plaine une place très-importante. On reconnaît leurs mérites, on en profite aussi, mais dans des proportions restreintes. Le système cultural dominant a d'autres exigences, basées sans doute sur la grande fertilité naturelle de la terre.

On peut craindre que ce système, excessif peut-être dans ses tendances à vouloir produire en très-grande quantité certaines récoltes épuisantes, ne finisse, dans un avenir plus ou moins éloigné, par porter une grave atteinte à cette fécondité.

Toutefois, on se sent disposé à ne point s'alarmer trop, en pensant aux ressources qu'offrent ces fourragères légumineuses, celles du moins qui peuvent occuper le sol pendant plusieurs années, dans un pays où le cultivateur sait par expérience que non-seulement un semis de sainfoin réussit sur ses champs fatigués, mais a encore la propriété de leur rendre pour quelque temps toute leur force productrice.

Si en dehors de la Limagne la cause des prairies artificielles est moins bien gagnée, ce n'est pas qu'elle y ait à lutter contre des préventions analogues à celles que nous venons de rappeler. Sur quelques points, notamment sur les plateaux argilo-siliceux, et dans la basse région des montagnes granitiques, la nature peu favorable du sol contrarie l'extension de leur culture; plus haut, cet obstacle se complique de celui plus invincible qui résulte de l'âpreté du climat. Ce n'est pas avec dédain qu'on y parle de ces plantes, mais avec le regret de ne pouvoir compter sur leur réussite, regret atténué toutefois par une certaine richesse du pays en prairies et en pâtures.

Il est bien évident que nous ne parlons pas ici des hautes montagnes couvertes d'herbages naturels, et où trèfle, luzerne et sainfoin ne sauraient trouver place.

Mais nous tenons à constater un fait important, c'est le progrès que la culture du trèfle surtout a déjà fait et continue de faire sur certains terrains, autrefois réputés réfractaires, depuis que des fumures plus abondantes, des marnages ou des chaulages leur ont donné des propriétés dont la nature ne les avait pas pourvus, ou depuis que des plâtres bien supérieurs en qualité à ceux du pays et d'un transport plus facile, parce que, sous un volume beaucoup moindre, ils ont plus de puissance, ont été mis par le commerce à la disposition des agriculteurs.

Citons des exemples.

Quelques localités des montagnes du nord-ouest, dans les cantons de Montaigut, Menat, etc., ont commencé depuis peu à répandre de la chaux dans leurs champs; le trèfle y est venu bientôt à sa suite.

Même remarque à l'extrémité nord-est du département, dans le canton de Châteldon, et non loin de là sur quelques points des cantons de Courpière et de Lezoux.

L'empressement du paysan à s'emparer des moyens d'obtenir des récoltes de trèfle, lorsqu'ils sont en rapport avec ses ressources, s'est manifesté d'une manière plus éclatante encore dans les communes de ce dernier canton où le marnage est devenu une opération capitale. Il y est aujourd'hui de règle à peu près générale de répandre de la graine de trèfle dans la première céréale semée sur un champ que l'on vient de marner ; et la plus grande préoccupation que montrent généralement ces paysans en se servant de cet amendement, c'est de pouvoir compter à l'avenir sur une grande abondance de trèfle. Autrefois la réussite n'était assurée pour eux que sur des étendues fort restreintes, depuis longtemps privilégiées sous le rapport des fumures et des bonnes cultures ; aujourd'hui, ils l'obtiennent partout.

On ne peut méconnaître une tendance assez marquée de cette plante à gagner du terrain dans les hautes régions. Nous l'avons déjà vue installée sur quelques cantons de celles qui font partie de la zone occidentale ; nous la retrouvons sur d'autres encore, dans les cantons de Rochefort, de Besse, d'Ardes, dans la chaîne qui limite le département au sud. Quelques parties des cantons de Saint-Germain-l'Herm, de Cunlhat et d'Arlanc ont cherché à s'approprier cette culture. Le même fait se produit dans plusieurs cantons de la chaîne des montagnes de l'est, ceux d'Ambert, Olliergues, Saint-Remy, Thiers, et dans quelques communes en montagne des cantons de Courpière et de Châteldon.

L'expansion du trèfle dans la plupart de ces localités est encore bien incomplète ; mais le désir qui s'y manifeste de le voir réussir peut devenir un acheminement à un succès définitif.

Qu'il nous soit permis de signaler ici les moyens ingénieux qui ont été parfois mis en œuvre pour faire apprécier les mérites de cette plante par des cultivateurs ignorants qui les contestaient, ou pour propager la connaissance des moyens d'assurer sa réussite. On a vu des propriétaires de domaines à métairie obligés de faire semer à leurs frais du trèfle sur des portions de champs, récolter à leurs frais aussi le foin, qu'ils abandonnaient ensuite au colon sans tirer l'année suivante aucun profit particulier de la plus-value des récoles de céréales produites par les parties que le trèfle avait enrichies, et parvenir à triompher à ce prix seulement de résistances invincibles jusque-là. Ailleurs, il a fallu user de supercherie, et les propriétaires ont dû, en parcourant leurs champs sous un prétexte quelconque, sortir en quelque sorte furtivement de leurs poches des poignées de graine de trèfle pour les semer sur leur passage. Placée dans de bonnes conditions, cette graine donnait naissance à des plantes dont la belle végétation frappait les yeux et les esprits. Ce dernier fait s'est passé aux environs d'Ambert.

Sur un autre point, dans la commune de Crevant, le premier paysan qui ait voulu, à l'exemple de l'un de ses voisins, marner ses champs et cultiver du trèfle, Pierre Mondon, de Chez-Peyraud, eut l'heureuse idée, pour donner un bon exemple à d'autres voisins, de jeter de la graine sur le bord de leurs champs contigus aux siens, et de leur démontrer par là que, pendant que le trèfle resterait chétif ou périrait chez eux, il aurait chez lui, grâce à la marne, une réussite complète.

Le comice de Courpière encourageait la culture du trèfle et conseillait d'y jeter du plâtre pour en activer la végétation. Ce conseil n'était pas suivi au gré de ses désirs, et l'avenir du trèfle pouvait être compromis dans toute la partie du canton où il s'agissait de le faire adopter. Quelques sacs de plâtre furent placés sur le dos d'un cheval, l'état des chemins ne permettant pas l'emploi d'une voiture : un agent du comice reçut la mission d'aller répandre ce plâtre sur diverses parties de champs de trèfle. La différence entre les espaces plâtrés et ceux qui ne l'étaient pas fut complète, et l'épreuve devint décisive.

Le département du Puy-de-Dôme récolte une partie de la graine de trèfle nécessaire pour ses semis. Le commerce lui procure le surplus, en s'approvisionnant sans doute à diverses sources. On emploie assez généralement de dix à quinze kilogrammes par hectare.

Cette graine est répandue au printemps, soit sur les champs récemment ensemencés en céréales de cette saison, soit sur les céréales semées à l'automne. Dans le premier cas, elle est couverte tantôt par un léger hersage, tantôt au moyen d'une longue et lourde pièce de bois (planche ou madrier) que l'on fait traîner par une paire de bétail ; dans le second, on se sert parfois aussi de la herse ; très-souvent on s'abstient de toute opération. Le binage des blés est un autre moyen employé pour couvrir la graine de trèfle, et c'est bien certainement le plus parfait.

Sur les bons terrains, on obtient souvent une coupe abondante dès l'automne de l'année du semis. A la suite d'un été convenablement humide, le même fait se produit aussi sur des sols médiocres, mais bien amendés.

L'année suivante, on fauche deux fois ; la seconde herbe est seule consacrée à la production de la graine, pour laquelle on n'en sacrifie qu'une faible partie. La troisième pousse est la seule que l'on enfouisse pour fumer le champ, quand on ne pousse pas l'exigence jusqu'à la faire pâturer. Quelques cultivateurs laissent leurs trèfles durer une année de plus. Ce ne sont pas les mieux avisés ; presque toujours ils paient chèrement cette récolte, qu'envahissent de mauvaises herbes difficiles à détruire lors du défrichement.

Au blâme que nous formulons ici une exception doit être faite en faveur d'une méthode employée dans le canton de Rochefort et quelques autres des montagnes du nord-ouest, où le trèfle occupe le terrain pendant trois années, mais associé au ray-grass.

En vert, le trèfle est donné au bétail sans produire de météorisation, même lorsqu'il est encore humide de rosée et de pluie. Il n'est pas nécessaire pour cela d'en diminuer la ration, il suffit de l'empêcher de s'échauffer et de le distribuer par petites quantités à la fois. Pour prévenir l'échauffement, on étend le fourrage en couche mince au lieu de le laisser en tas.

La préparation du foin de trèfle est généralement bien entendue. Peu de personnes s'obstinent à le soumettre à de nombreux fanages ; on tient à conserver le plus de feuilles possible, et l'on y parvient en formant sur le pré des tas coniques de deux mètres de haut environ. L'herbe, avant d'être entassée, est laissée un ou deux jours en andain, puis retournée avec précaution, afin de lui faire subir sur l'autre face de l'andain l'action du soleil, qui l'amortit un peu, et à laquelle elle est exposée de nouveau pour compléter sa dessiccation, lorsqu'on veut la rentrer. Pour obtenir ce dernier effet, on ouvre les tas avec ménagement et sans éparpiller le foin sur le sol. Le trèfle a été quelquefois accusé d'avoir effrité la terre ; ne faudrait-il pas croire que ceux qui lui font ce reproche avaient à s'imputer de l'avoir semé trop fréquemment à la même place? On a remarqué que des retours réitérés par périodes de quatre ans avaient laissé le sol de moins en moins apte à porter de nouveau du trèfle.

Le *trèfle incarnat* n'est cultivé que dans un petit nombre de localités et sur de petites étendues. Il réussit bien dans les terres sablonneuses des environs de Lezoux, et sur d'autres moins légères du même canton après le marnage. On

le sème en août et septembre sur chaumes de céréales légèrement labourés à l'araire. La graine est employée mondée
ou encore logée dans sa bourre. Ce dernier moyen paraît
assurer mieux la réussite du semis.

Le *trèfle hybride* vient d'être soumis à des essais par
la Société d'agriculture.

Bien peu de personnes parmi celles qui cultivent le trèfle
s'abstiennent d'y répandre du plâtre. Si quelques-unes le
font par des motifs d'économie mal entendue, d'autres y
sont contraintes par l'insuccès reconnu du plâtrage sur certains terrains. De ce nombre sont : 1° l'ancien marais de
Surat, dont la terre noire, argilo-calcaire, sujette à se cre-
vasser en été et à se gonfler d'eau par les temps humides,
repose directement sur la marne; 2° les sols argilo-siliceux
de plusieurs communes du canton de Lezoux, depuis qu'ils
sont marnés; 3° les terrains granitiques du canton de Montaigut, après leur chaulage. L'inefficacité du plâtrage a été
reconnue aussi à Orcet et sur certains terrains forts du canton de Veyre-Monton.

Autrefois, le département n'employait que le plâtre
fourni par ses propres carrières, situées à Montpensier, Mirefleurs et Lempdes. Il était de médiocre qualité et ne pro-
duisait d'effet qu'à hautes doses. Plus médiocres encore
étaient d'autres gisements, comme ceux de Corent, Cunlhat,
Courcourt, où de petites quantités de gypse étaient comme
perdues dans une marne jaune; plus grande aussi était la
quantité qu'il fallait en employer pour obtenir quelque
effet. Ces derniers étaient répandus à pleines voitures et
tels qu'ils sortaient de la carrière. Le prix de chaque charge
était peu élevé. Malgré leurs qualités inférieures, ces plâtres ont rendu longtemps de très-réels services et ils ne sont
pas complètement abandonnés de nos jours. Aussi paierons-
nous, au nom des agriculteurs de notre pays, un juste tribut de reconnaissance à la mémoire du savant naturaliste

et agronome Bosc, qui, en visitant, en 1823, notre département pour l'étude des cépages, découvrit et fit connaître
les deux derniers gisements que nous venons de citer. —
Les plâtres de Montpensier et Mirefleurs, dont se servaient
aussi les plâtriers, étaient employés cuits.

Depuis, on a donné généralement la préférence aux plâtres
blancs, reconnus bien plus actifs, que l'on tire de Roanne,
Decize, le Puy. Ceux-là supplantent en grande partie les
plâtres du pays, même auprès des carrières.

L'époque la plus ordinaire pour répandre le plâtre est
le printemps. Assez souvent cependant, cela se fait aux
mois d'août et de septembre, surtout lorsque la végétation
de la jeune plante est languissante; elle acquiert ainsi assez
de force pour traverser l'hiver. Nous n'avons pas appris que
le conseil donné par M. Mathieu de Dombasle, de répandre
une petite dose de plâtre sur le trèfle naissant, ou en même
temps que la graine, ait été suivi.

Pour les doses employées, les usages varient considérablement. Telle localité a adopté celle de cent cinquante kilogrammes, et même moins, tandis que d'autres croient
devoir aller jusqu'à sept cents, huit cents, neuf cents et
mille kilogrammes, non en plâtres inférieurs du pays, mais
avec ceux de bonne nature que des départements voisins
fournissent au nôtre. Avec le plâtre indigène on va jusqu'à
mille cinq cents kilogrammes; avec la marne mêlée de gypse
on atteint et l'on dépasse la dose de quatre mille kilogrammes. Entre les chiffres extrèmes que nous avons in-
diqués pour le dosage des bons plâtres, nous pourrions
en citer qui complèteraient toute l'échelle des centaines
entre ces nombres, se compliquant même de quelques
fractions.

*Luzerne.* — Cette plante n'a pas suivi le trèfle dans ses
tendances à se répandre dans la région des montagnes;
elle occupe seulement la plaine et les coteaux, mais sans

y avoir pris toute l'importance que ses précieuses qualités devaient lui faire atteindre. Sa culture a pourtant permis d'utiliser d'une manière très-profitable des terrains autrefois peu productifs. Nous pouvons citer comme exemple la transformation survenue dans une partie de la commune des Martres-d'Artières, depuis qu'on y a introduit la luzerne. Ce qui est arrivé là est une preuve de plus du peu d'exigence de cette plante sous le rapport de l'épaisseur de la couche végétale : on l'a semée sur un sol graveleux peu épais, reposant sur un banc de gravier mêlé de sable qu'on fouille en quelques points et sur plusieurs mètres de profondeur, afin d'en extraire des matériaux pour le macadam des routes. Le sous-sol est perméable à l'eau, et cette propriété semble avoir suffi pour assurer la réussite de la luzerne. Grâce à elle, une vaste plaine presque inculte autrefois est maintenant chaque année couverte de récoltes. Une transformation analogue a été obtenue par le même moyen sur une partie du territoire de Pérignat.

Les produits y sont moins considérables cependant que sur les bonnes terres de la Limagne, où elle donne quatre et même cinq coupes dont plusieurs très-abondantes, et où la récolte sur pied d'un hectare s'est vendue, depuis quelques années, jusqu'à quatre cent cinquante francs. La vente, se faisant au printemps, laisse pour le compte de l'acheteur tous les frais de la récolte et toutes les chances bonnes ou mauvaises résultant des saisons. — Dans quelques localités moins favorisées le nombre des coupes n'est que de trois.

Comme pour le trèfle, la graine est en partie récoltée dans le pays.

On en sème moyennement vingt kilogrammes par hectare.

Le semis se fait au printemps dans l'orge ou l'avoine, et l'on a soin d'en recouvrir la graine comme pour celle du trèfle. Assez souvent, on l'associe au chanvre ; elle profite

alors des riches fumures et des bonnes cultures prépara-
toires qu'il a exigées ; quoique la semaille soit alors retardée jusqu'en mai et même juin , suivant les pays , c'est une
des positions où sa réussite est le mieux assurée. Il en est
de même des luzernes que l'on sème sans mélange d'aucune autre plante.

Dans ces diverses circonstances , on jette une petite quantité de graine de trèfle par-dessus celle de la luzerne , et
sans diminuer en rien pour cela la quantité voulue pour
que celle-ci finisse par bien couvrir le sol. Cette association
a pour but de rendre plus épais et plus facile à faucher le
fourrage de la première année.

La moindre durée de la luzerne est de trois ans , mais
il est rare que l'on s'en tienne là. Le plus souvent on la
conserve de six à dix ou douze ans, bien rarement pendant vingt, plus rarement encore pendant trente, quoique
cela se voie.

Les soins ne lui sont pas épargnés, quand on veut la
maintenir en bon état de production. Pendant l'hiver, les
luzernières sont labourées avec l'araire du pays, afin d'aérer le sol et d'arrêter le développement des herbes vivaces,
des graminées surtout, qui gêneraient la légumineuse.
Cette opération remplace très-bien les hersages même énergiques, puisqu'elle ouvre largement la terre sans pour
cela endommager la plante. La herse d'ailleurs est employée assez souvent pour compléter la destruction des
mauvaises herbes.

Une opération plus parfaite encore est celle qui se fait
avec la pioche.

Le plâtrage s'opère comme pour le trèfle, et on le réi-
tère quelquefois à plusieurs reprises dans une même année ;
il n'est pas rare aussi de fumer les luzernières.

Leur destruction exige quelques frais pour être convenablement exécutée. La bêche y est le plus souvent employée.

Un travail de ce genre, toujours long de sa nature quand chaque ouvrier doit employer isolément ses forces, se complique dans ce cas de la nécessité de ne pas laisser une seule plante de luzerne sans être arrachée.

Faite à la tâche, cette opération coûte le plus ordinairement cent cinquante francs par hectare, les racines restant à l'ouvrier, qui les utilise comme combustible; dans le cas contraire, le prix de ce défrichement est de deux cent cinquante francs.

Le foin de luzerne se traite de la même manière que celui du trèfle; il est fort estimé pour toute espèce de bétail.

Indépendamment des plantes qui lui disputeraient le terrain si le cultivateur n'y mettait bon ordre, et de la cuscute qui l'étouffe en s'accrochant à ses tiges, la luzerne a un autre ennemi, souterrain celui-là, qui fait aussi bien des vides dans les champs qu'elle occupe; c'est le rhizoctone.

La *luzerne lupuline* ou *minette* ne paraît guère dans nos cultures que par suite d'un mélange frauduleux de sa graine avec celle de trèfle vendue par quelques marchands déloyaux. On pourrait cependant citer quelques semis de lupuline, soit pure pour occuper le sol entre deux céréales dans les assolements alternes, soit combinée avec d'autres herbes, notamment des graminées, pour former des prairies temporaires. Mais ce sont là plutôt des essais que des pratiques suivies.

*Sainfoin* (chèpre, chàpre, dans le langage du pays).— Cette plante ne s'étend pas au-delà de la région où se cultive la luzerne, et il est des parties du département où elle est adoptée de préférence à celle-ci et au trèfle. De ce nombre sont le canton d'Aigueperse et une grande partie de l'arrondissement d'Issoire, où certains sols très-calcaires et argileux à la fois conviennent éminemment à cette culture, qui les maintient dans un haut degré de fertilité.

Tout le reste de la Limagne a aussi des étendues plus ou

moins considérables occupées par le sainfoin, qui réussit également bien sur les alluvions de la vallée où coule l'Allier, c'est-à-dire sur des terrains récemment reconnus propres à la fabrication de la brique par la méthode flamande et employés à cet usage. Il s'accommode aussi des sols volcaniques.

C'est principalement aux environs d'Aigueperse et de Vic-le-Comte, et dans l'arrondissement d'Issoire, que se récolte presque toute la graine semée dans le département.

Il y a deux époques pour le semis. Le printemps est généralement préféré, mais on en fait aussi quelquefois au mois d'août sur des chaumes retournés. On emploie pour le couvrir les mêmes procédés que dans les semis de trèfle, et plus souvent on s'abstient pour lui de ce soin.

Trois hectolitres et demi de graine sont nécessaires pour ensemencer un hectare.

Rarement on obtient un regain du sainfoin, s'il est semé seul, à moins d'un temps exceptionnellement favorable. Afin de rendre plus facile et plus profitable dans des circonstances ordinaires le fauchage de cette seconde pousse, certains agriculteurs lui adjoignent le trèfle, surtout lorsque le sainfoin est destiné à n'avoir qu'une courte durée. Le plus souvent, on préfère le consacrer à un pâturage d'automne, et on juge alors plus avantageux et plus prudent de l'affranchir d'une telle alliance.

On s'écarte aujourd'hui beaucoup des traditions des agriculteurs qui ont propagé chez nous la culture du sainfoin. Ils le laissaient durer le plus possible ; maintenant, dans le plus grand nombre des cas, le contraire prévaut. On voit bien encore des prairies de ce genre occuper la même place pendant cinq ou six années consécutives ; mais la durée la plus ordinaire est de trois ou quatre. La prédilection pour les céréales l'a fait réduire dans bon nombre de cas à deux ans ; on en est même venu, dans la commune de Montpensier,

à défricher le sainfoin l'année qui suit le semis, c'est-à-dire
après en avoir retiré une seule coupe, malgré le prix assez
élevé de la graine, qui pendant quelques années avait atteint
un chiffre anormal; le plus élevé a été de vingt-deux francs
l'hectolitre, en 1859.

Une occupation d'un même terrain beaucoup moins prolongée qu'autrefois a entre autres mérites, et celui-là n'est
pas sans importance, d'empêcher qu'il ne soit envahi par
de mauvaises herbes, comme la grande marguerite et le
brôme stérile. Les petits épis de cette graminée, armés
d'arêtes longues et fermes, incommodent beaucoup la bou-
che du bétail qui les mange, et sont une cause de grande
dépréciation pour le foin de châpre où ils se trouvent en
certaine quantité.

Pour la manière de plâtrer le sainfoin et d'en préparer
le foin nous n'aurions qu'à répéter ce que nous avons déjà
dit sur les mêmes sujets en traitant du trèfle et de la luzerne.

Le *sainfoin à deux coupes* commence à être cultivé.

# CHAPITRE XXII.

## Pâturages.

Des pâturages existent à tous les étages, depuis les lieux les plus bas jusqu'aux plus élevés du département, du fond des vallons où coulent l'Allier et la Dore aux sommets de Pierre-sur-Haute (1620 mètres au-dessus de la mer) et du pic de Sancy, dont l'altitude est de 1936 mètres. Mais c'est seulement dans un certain rayon autour de ces deux points principaux, et bien plus étendu pour ce dernier que pour l'autre, que se trouvent de véritables herbages. Ceux-là seuls peuvent pendant toute la belle saison, sans le secours d'aucun autre fourrage, suffire à la nourriture lucrative de nombreux troupeaux de bêtes à cornes. Partout ailleurs, les pâturages sont propres seulement à nourrir toute l'année, hors les temps de neige, des moutons, et à fournir, du printemps à l'automne, un complément chétif de la ration de l'espèce bovine.

Les herbages qui occupent un assez vaste espace autour du pic de Sancy (point culminant des monts Dores), en s'é-tendant sur les cantons de Besse, Ardes, Latour, Rochefort, et sur la partie la plus élevée de celui de Saint-Amant-Tallende, doivent avoir ici une mention toute spéciale, motivée par leur qualité et par le mode d'exploitation auquel ils sont soumis.

Toute cette contrée, à cause de sa configuration et de sa grande élévation au-dessus du niveau de la mer, doit être qualifiée de montagne ; mais l'usage y a prévalu de donner aussi à ce mot une signification toute spéciale. Il y est devenu synonyme de pâturage, et s'applique à tout herbage situé sur les plateaux élevés ou formé de ces vastes proéminences ou puys qui dominent ceux-ci.

La destination de ces *montagnes* varie en raison de leurs qualités.

Il y en a : 1° pour les vaches à lait ; 2° pour les vaches à engraisser ; 3° pour les vaches de trait ; 4° pour la jeunesse.

Les meilleures *montagnes* sont affectées aux bêtes à lait ou à engraisser ;

Celles de deuxième qualité, aux jeunes bêtes destinées au trait.

Les moins bonnes sont pour les élèves de moins de trois ans.

L'importance des unes et des autres se mesure par le nombre de bêtes qu'elles peuvent nourrir convenablement, chacune suivant sa nature, plutôt que par leur étendue ; on dit donc une *montagne* de tant de têtes d'herbage, ce qui correspond le plus ordinairement à un hectare pour une tête.

La vache suivie de son veau n'est comptée que pour une.

Ces pâturages sont sans haies ni arbres. Des bornes ou des fossés marquent seuls les limites des propriétés.

Les *montagnes* sont assez généralement annexées à des domaines situés dans les vallons et sur les plateaux inférieurs du voisinage, où l'on peut se livrer à la production des céréales et autres plantes de grande culture. C'est de ces domaines, largement pourvus d'ailleurs de prairies naturelles, que part chaque printemps, vers le 15 mai, pour les hauts pâturages, un nombreux bétail destiné à en revenir vers le 15 octobre, à l'approche de l'hiver, toujours précoce et rigoureux sur ces hauteurs.

Ce mode de dépaissance se nomme *estivage*, *estive*, dans le langage du pays.

On ne garde dans les fermes, pendant la saison de l'estivage, que les animaux dont on a besoin pour le travail et ceux que l'on peut faire pacager sans les envoyer sur les montagnes. Dans cette catégorie se trouvent les bœufs et les taureaux de deux à quatre ans. Ces animaux couchent au pacage, attachés au piquet ou parqués.

Indépendamment de ces domaines, il en existe d'autres, en petit nombre, situés à une élévation où aucune culture ne serait profitable. On ne s'y occupe que de l'élève du bétail et du laitage, et on y a les bâtiments nécessaires pour loger le vacher, le foin et les bêtes que l'on peut nourrir pendant l'hiver.

Une montagne à vaches à lait est nécessaire à un propriétaire ou fermier de domaine important, et c'est toujours l'un ou l'autre qui exploite cette nature de montagne.

Si les vaches du domaine sont insuffisantes pour *garnir* la montagne, ce qui arrive presque toujours, on en achète au printemps, sauf à les revendre en automne, ou bien on en prend d'étrangères *en estive*.

Le canton de Rochefort en fournit un grand nombre à ceux qui en manquent.

Contrairement à ce qui se passe pour les autres montagnes, celui qui prend des vaches à lait en estive paie une indemnité à leurs propriétaires.

Cette indemnité avait longtemps varié de vingt à trente francs et un kilogramme de beurre, selon la qualité de la bête ; depuis sept ou huit ans, il y a eu une augmentation sensible qui a porté ce prix, en 1859, jusqu'à quarante-deux francs et son complément ordinaire en beurre.

Il faut en moyenne un hectare de terrain pour estiver une vache à lait, qui porte, dans le pays, le nom de *barine*.

Il y a dans chaque montagne des parties appelées *fumades*, qui sont parquées périodiquement ; ce sont les meilleures.

Chaque parc se compose de claies à claire-voie et d'autres pleines. Ces dernières, destinées à fournir un abri contre les vents froids, sont placées du côté d'où ils soufflent ; on leur donne jusqu'à deux mètres de hauteur.

Toute montagne affectée aux vaches à lait a un *buron* appelé aussi *cabane*. C'est un petit bâtiment, quelquefois assez solidement construit en maçonnerie, mais dont les murs assez souvent sont remplacés par des clayonnages supportant un toit couvert de plaques de gazon prises sur le pâturage même.

Ce réduit est de $0^m,60$ en contre-bas du sol. C'est là que le vacher habite et manipule le lait.

Sur un des côtés du buron, on creuse, à moins d'un mètre de profondeur, une cave pour y loger les fromages.

Indépendamment d'une étable pour les veaux, chaque buron en a une aussi pour les porcs à l'engrais.

Le nombre de ces animaux est avec celui des vaches de la *montagne* dans le rapport de un à dix.

L'engraissement se fait avec du petit-lait pour toute nourriture. Le succès est surtout remarquable lorsque le petit-lait est distribué aussitôt fait, à son degré de chaleur naturel.

A ce régime, les cochons deviennent très-gras, mais leur chair et leur lard sont de qualité inférieure et peu agréables au goût.

*Montagnes pour les vaches à engraisser, ou montagnes grasses.* — Les montagnes pour les vaches à engraisser sont exploitées par des marchands de bestiaux.

Dès le printemps, ils commencent à acheter, principalement dans le Cantal, la Corrèze et un peu aussi dans la Limagne. Les montagnes ne sont garnies que peu à peu ; et, à mesure que des bêtes sont à point, on les vend pour les remplacer par d'autres.

De cette manière de faire il résulte qu'une montagne peut

engraisser plus de vaches qu'elle n'en pourrait estiver pour le lait. Ainsi, un herbage de quarante hectares qui ne nourrirait que quarante bêtes de cette dernière catégorie en engraisserait soixante.

Toute montagne qui convient pour l'engraissement convient aussi pour le lait, mais le contraire n'est pas toujours vrai. Une montagne trop franche, à herbe trop tendre, nourrit bien une vache laitière et engraisse mal.

*Montagnes pour les jeunes vaches destinées au trait.* — Celles-là sont garnies par de riches propriétaires ou des marchands, soit avec des animaux élevés chez eux, soit avec ceux qu'ils achètent au printemps, soit encore avec de jeunes bêtes qu'ils se chargent de nourrir pendant toute la saison à tant par tête.

La quantité que chaque montagne peut estiver, ainsi que le prix pour chaque tête, sont convenus et fixés d'avance. Ce prix, qui est payé par le propriétaire de l'animal, était autrefois, selon la qualité de la montagne, de douze à dix-huit francs par tête, aujourd'hui il va de dix-huit à vingt-huit francs.

Ces jeunes bêtes, alors âgées de trois ans, deviendront mères vers la fin de l'année.

Les meilleurs de ces pâturages sont alternativement soumis au parcage de nuit.

*Montagnes pour la jeunesse.* — Les montagnes de dernière qualité sont les moins nombreuses et ordinairement les plus élevées ; on les consacre exclusivement aux génisses d'un an et de deux ans. Ce bétail y est amené de diverses localités, même de la Limagne. Le prix de la tête d'herbage pour estiver, qui fut jadis de huit à douze francs, s'est élevé jusqu'à quinze francs dans les dernières années.

Il se fait peu de spéculation du printemps à l'automne sur ce genre de bêtes.

Ainsi, on peut dire d'une manière générale que les *mon-*

*tagnes* ne nourrissent que des femelles de l'espèce bovine, puisqu'il n'y a qu'un petit nombre de mâles parmi les veaux, qui paissent pendant la saison auprès des vaches pour le lait, leurs mères ou nourrices, et quelques taureaux associés aux jeunes vaches de trait, à titre d'étalons.

Certaines montagnes sont réputées *dangereuses*, à cause de quelques épizooties qui s'y manifestent parfois. Leur prix de ferme en éprouve une dépréciation, et il n'est pas rare de voir leurs propriétaires être obligés de les livrer à un prix très-bas pour le pâturage des moutons.

Dans les communes où sont situées ces montagnes, on attribue ces maladies à diverses causes plus ou moins réelles; mais on est d'accord pour reconnaître que la nature des eaux en est une des moins douteuses. L'observation a fait découvrir d'abord que les épizooties s'attaquent principalement aux animaux paissant dans les herbages où il existe des sources d'eaux vives appelées *mouillards* ; et en second lieu que les mêmes maladies sévissent plus rarement là où ces eaux ne peuvent être bues par le bétail qu'après avoir eu un long et rapide trajet en plein air avant d'arriver au bac où il doit s'abreuver.

Indépendamment des diverses natures d'herbages dont nous venons de parler, presque tous les villages de cette partie de la montagne possèdent des communaux servant au parcours des élèves et même des vaches mères; mais en général ces communaux ne rendent pas les services que rendrait une *montagne* de même étendue. Les bestiaux qu'on y conduit chaque jour, de très-loin quelquefois, perdent par la fatigue de l'aller et du retour tout le profit qu'ils vont y puiser. Ces pâturages sont mal entretenus, et l'herbe y est rarement bonne et abondante. Aussi tous ces villages demandent-ils le partage, qui leur est accordé temporairement. Chacun y établit une petite *montagne* bien mieux soignée, et qui produit au moins le double de ce que ce sol rendait auparavant.

On conserve cependant sans le partager un communal pour y conduire les moutons et un autre pour les juments. Ce dernier est choisi parmi les meilleurs. L'un et l'autre portent aussi le nom de *coudair*.

*Jasseries*. — Nous croyons pouvoir étendre à une catégorie d'herbages situés dans les parties les plus élevées de l'arrondissement d'Ambert la dénomination de *jasserie*, qui appartient plus spécialement à des groupes de bâtiments servant à l'exploitation de ces pâturages pendant la belle saison seulement.

Que l'on nous permette cette petite licence à laquelle nous avons recours pour simplifier la classification de nos principaux herbages.

Quelques analogies existent entre les herbages des montagnes d'Ambert et ceux de la chaîne opposée que nous venons de décrire sous la qualification spéciale de *montagnes;* mais on remarque aussi de notables différences, quant à leur nature et au mode d'exploitation qu'on leur applique.

L'analogie résulte de la grande hauteur à laquelle les uns et les autres se trouvent, de leur situation au-delà des derniers terrains cultivés, de la spéculation que l'on y fait sur le laitage. Le personnel chargé de le recueillir, de le transformer et de la garde du bétail, est le même dans les deux cas.

Les dissemblances sont assez capitales. D'abord les jasseries ne se bornent pas à tirer du lait le fromage seulement; elles ne produisent pas moins en grand le beurre; en second lieu, il n'y est question ni d'élevage pour la vente ni d'engraissement. De plus, le bétail est ramené chaque soir dans des étables où il passe les nuits, et reçoit un complément de nourriture.

En général, les *burons* ou *cabanes*, au lieu d'exister isolément sur chaque herbage, sont placés, au nombre de douze ou quinze, à 3 ou 400 mètres les uns des autres, à de bonnes expositions, et sur une même ligne horizontale. L'intervalle qui sépare deux burons s'appelle *le jardin.* Des choux et un peu d'avoine sont les seules plantes que l'on y cultive. Ces choux, de l'espèce si répandue dans le pays, sont consommés par les vaches ; il en est de même de l'avoine, que l'on coupe toujours en vert.

Ce sont ces groupes de bâtiments qui forment les jasseries proprement dites.

Par leur destination et leur agencement, ces burons se distinguent aussi de ceux des montagnes des monts Dores. Ils ne doivent pas servir seulement de gîte au *vacher* et à son *vacheron* ou aide, et d'atelier pour la fabrication du beurre et du fromage. Ils contiennent en outre une étable pour vingt-quatre vaches environ, un taureau et trois ou quatre veaux de l'année, et au-dessus de cette étable, un grenier à foin disposé, grâce à la déclivité du terrain, de manière à ce que les chars puissent y entrer avec leurs charges (1). Leur construction aussi est plus solide ; il importe que la provision de foin soit conservée le mieux possible pour les besoins de la campagne suivante, et que l'étable se retrouve, à la même époque, en état de recevoir les vaches. La toiture, de forme très-aiguë, pour faciliter le glissement de la neige et en éviter les accumulations, est faite d'un chaume épais.

Quelques propriétaires ont cru améliorer en substituant la tuile à la paille. Ils se sont trompés : sous cette couverture les vaches ont froid, et la lactation en est diminuée, la violence des vents enlève et disperse des tuiles, ou bien le poids de la neige les brise, et il se forme des gouttières qui endommagent le foin.

L'emplacement des jasseries a été choisi au-dessous du point le plus élevé où l'on ait pu amener l'eau dérivée d'un

_______________

1) Une disposition semblable se rencontre fréquemment dans toutes nos montagnes.

petit ruisseau, au moyen d'un canal commun, d'où elle est distribuée dans des réservoirs en nombre égal à celui des étables.

Le bétail repose dans celles-ci sur un plancher au bas duquel est ménagée une rigole, où les déjections sont attirées pour être entraînées dans une prairie fauchable par les eaux d'irrigation, qui, partant des réservoirs, traversent chaque jour les étables, les lavent, et les délivrent de leurs miasmes, leur courant y établissant une utile ventilation.

Au plus haut de la région, et même un peu partout, il existe des jasseries dépourvues de prés. Elles forment une exception au régime ordinaire de ce genre de propriété.

Celles-là prennent le nom de *loges;* leur construction est plus simple ; ce ne sont que des abris sans fenil, et où les vaches ne sont amenées que lorsqu'elles peuvent trouver à vivre sur les herbages.

Le groupement des cabanes n'existe pas non plus partout d'une manière absolue. Dans les communes de Valcivières, Job et Marat, il y en a de disséminées; celles du Brugeron le sont presque toutes.

Toutes les vaches ne vont pas à la même époque en montagne. Certains domaines font monter depuis les premiers jours d'avril jusqu'à la fin; d'autres, à la fin de mai et aux premiers jours de juin. La possibilité de continuer à nourrir dans les domaines est quelquefois la cause de ces retards; le plus souvent ils sont imposés par l'obligation où l'on est d'attendre l'époque fixée par les titres qui règlent les droits d'usage pour l'ouverture de la saison du pâturage, dans les cas assez nombreux où les propriétaires de jasseries ne sont qu'usagers pour les herbages; enfin, les *loges,* où il n'y a pas de provisions de foin, ne peuvent être garnies que lorsque l'herbe a poussé.

Celle-ci se fait bien plus remarquer dans ces pâturages par la richesse de ses principes nutritifs ou toniques, que par son abondance et par la vigueur de sa végétation. La bruyère s'y mêle souvent, surtout vers les faîtes les plus hauts. Les vaches savent trouver entre ses touffes les plantes plus succulentes qui s'y développent; elles ne dédaignent même pas ses tiges quand elles sont tendres. Aussi les vachers, pour provoquer la production de ces pousses dont s'accommode leur bétail, prennent-ils la précaution de faucher les vieilles bruyères, ou d'y mettre le feu, que le vent est chargé d'activer et de propager.

Le parcours a lieu aussi dans les bois. Les herbes y sont moins nourrissantes, quelquefois même elles sont indigestes. On les réserve pour les jours de bourrasque, quand les vaches ne peuvent plus tenir en montagne.

Les troupeaux se complètent parfois par des génisses reçues pour la saison à raison de neuf à dix francs par tête, et à partir seulement de l'époque où les bêtes peuvent trouver toute leur nourriture sur les herbages.

D'autres fois ce sont des vaches, dont le prix de location est de huit à neuf francs et un fromage pesant un kilogramme cinq cents grammes.

D'autres fois encore, c'est le droit de parcours qui est cédé moyennant trois à quatre francs par tête à un voisin qui reste chargé des frais de garde, de logement, etc.

Pour donner plus d'activité à la lactation chez les vaches, des soupes ou buvées leur sont distribuées. Au début de la campagne, ces soupes sont composées de tourteaux cuits dans de l'eau et additionnés de quelques poignées de farine d'orge ou de son de froment. Bientôt après, on remplace ces matières par du petit-lait et du lait de beurre, auxquels on ajoute des feuilles de choux; quelques poignées de ces feuilles crues ou de l'herbe fauchée dans le pré sont distribuées dans les crèches et succèdent au foin sec. On tient à ce que les soupes soient encore tièdes quand on les donne aux vaches, ce qui a lieu deux fois d'abord, puis trois fois

par jour. Le nombre des traites égale celui des distributions
de soupes, et à chacune de ces distributions une poignée
de choux ou une brassée d'herbe verte du pré est déposée
dans la crèche devant chaque vache.

Le buron de ces montagnes a, comme ceux du canton de
Besse, la cave attenante et adossée à un de ses murs, du
côté du nord; là aussi elle est un peu en contre-bas (d'un
mètre environ) du sol de la chambre du vacher qui sert
en même temps de laboratoire, et du terrain est accumulé
autour de ces murs pour mettre la température dans un
rapport convenable avec les besoins des objets qu'elle doit
contenir. Mais elle a de plus que les caves des autres burons
un bac où arrive toute l'eau nécessaire pour les exigences
de la fabrication et de la cabane, notamment pour maintenir tous les vases dans un bon état de propreté, qui est une
des habitudes des vachers. C'est aussi dans ce bac que ceux-
ci déposent après chaque traite les vases contenant le lait
qu'elle a produit.

Dans quelques burons, la manipulation du laitage se fait
dans une pièce spéciale, située entre la cave et le logement
du vacher (qui est toujours en communication directe avec
'étable). Cette disposition du local influe sur la bonne qualité des produits de la fabrication.

Tout le reste de la région montagneuse possède de très-
nombreuses pâtures se présentant sous des aspects divers;
mais si nombreuses qu'elles soient, elles le sont encore trop
peu, si l'on considère que beaucoup qui ont existé autrefois
même sur des pentes assez fortes, ont été défrichées pour
faire place à une culture régulière pleine de danger pour
la conservation du fonds lui-même, et que d'autres sont
soumises à des défrichements temporaires que de nouveaux
et maigres herbages doivent bientôt recouvrir.

Souvent ces pâtures existent au milieu de rochers saillants,
sur des pentes plus ou moins abruptes, où moutons et chè-

vres peuvent seuls aller se nourrir sur beaucoup de points ; des ronces, des genêts, des bruyères, des ajoncs, des myrtiles ou autres arbustes, des fougères, disputent la place aux bonnes herbes.

Tous ceux de nos faîtes les plus élevés à l'est, au sud et à l'ouest, qui ne sont pas occupés par des bois, servent au pâturage du bétail de l'une ou l'autre espèce, suivant les convenances. De ce nombre sont presque tous les puys de la chaîne des monts Dômes et quelques-uns de ceux des monts Dores qui ne sont pas classés parmi les pâturages en possession de la dénomination spéciale de *montagne*.

Cette manière d'utiliser le terrain se retrouve encore sur les parties les plus déclives des derniers contreforts de nos diverses chaînes et jusqu'auprès de la plaine.

Beaucoup de ces terrains sont des propriétés communales, et une grande partie (45,000 hectares), déjà soumise au régime forestier, est destinée, avec l'aide du temps, à céder la place à des semis de bois.

D'autres communaux de cette région, non assujétis à ce régime, parce que leur position point ou trop peu inclinée les en a fait dispenser, sont, comme ceux qui appartiennent à des particuliers, défrichés par parties. Cela se fait au gré des habitants, qui agissent ainsi en vertu d'anciennes coutumes. Ces pâtures couvertes d'épaisses et courtes bruyères sont si étendues et de si peu de valeur que nulle autorité ne semble prendre souci de cette espèce d'abus, qui, lorsqu'il se renferme dans les limites où nous le présentons ici, ne porte aucune atteinte aux droits de la commune comme propriétaire, la possession privée que s'attribue ainsi chaque habitant étant essentiellement vague et passagère.

Ces terrains sont-ils fatalement condamnés à ne produire jamais que de si misérables moyens de nourrir le bétail? Il faut espérer que non. N'est-il pas permis de considérer ces landes comme une réserve, dont le génie de l'homme, incité par les besoins de la population croissante en nombre, saura un jour réveiller les forces productrices?

En dehors des montagnes, on ne trouve plus de pâtures de quelque importance que dans les bois taillis devenus défensables, dans les saussaies et sur les grèves dont nos principales rivières sont bordées. Ce sont encore là d'assez pauvres ressources.

La plupart de ces grèves sont utilisées en commun par les populations du voisinage, sans règles fixes pour déterminer les droits de chacun.

La partie la moins basse de la plaine, où le sol argilo-siliceux a peu de fertilité, conserve encore une certaine étendue de terrains en nombreuses parcelles, plus ou moins couvertes d'arbres, ronces, genêts, buissons, où le bétail passe tous les jours, pendant la belle saison, de longues heures sans y remplir beaucoup ses estomacs. Beaucoup de ces pâtures sont closes de haies vives; l'espace qu'elles occupent se restreint chaque année par le fait du défrichement ou de la transformation en prés.

Elles ont presque entièrement disparu de la Limagne. La terre y est trop féconde pour n'avoir pas porté avec raison les cultivateurs à les défricher. C'est à peine si quelques communaux sont encore conservés pour le pacage. Dans beaucoup de communes les bords des chemins et les berges des fossés servent seuls pour quelques vaches, moutons et chèvres au mode de dépaissance dont nous nous occupons en ce moment.

# CHAPITRE XXIII.

## Fourrages divers.

*Fèves, Vesces, Pois.* — Au premier rang des plantes cultivées pour être consommées en vert par le bétail, il faut placer les *fèves*, les *vesces* et les *pois*, mais les fèves surtout. Dès que les froments sont levés, dans la plaine, on se hâte de semer ces légumineuses sur les chaumes, soit isolément, soit en mélange. Pour ces semis, qui se font souvent en lignes, on choisit les variétés de printemps, à cause de la promptitude plus grande de leur croissance. Elles sont bonnes à faucher en octobre et jusqu'aux gelées. Mêlées avec de la paille, elles servent de transition entre les fourrages verts et les secs.

Les semis d'automne en variétés hivernales, et ceux de printemps en variétés de cette saison . pour fourrages d'été, sont beaucoup plus rares.

Pour ce dernier usage on se sert quelquefois aussi de la *jarosse* dans un petit nombre de localités.

Auprès des pâturages des montagnes de l'arrondissement d'Ambert, on sème, au mois de juin, un peu d'*avoine* que l'on fauche en vert en automne pour affourrager les vaches laitières.

Le *maïs*, la *moutarde blanche*, le *sarrazin*, la *spergule*, et depuis peu d'années le *sorgho sucré*, sont l'objet de quelques essais plutôt que de cultures régulières.

*Chou à vaches.* — La partie occidentale du département se livre à la culture d'un chou qui y est connu sous le nom de *chou à vaches*, et dont la principale utilité est de servir à l'alimentation des vaches laitières. L'homme lui-même cependant ne dédaigne pas d'en faire sa nourriture surtout lorsque le froid en a un peu attendri les feuilles.

Cette culture a un double but, le commerce du plant et la récolte des feuilles.

Un grand nombre de communes des arrondissements de Thiers et de Clermont, mais surtout d'Ambert, ont besoin que d'autres leur fournissent le plant d'un végétal aussi utile. Quelques-unes seulement, Olliergues, Saint-Gervais, la Chapelle-Agnon (arrondissement d'Ambert), Augerolles et Olmet (arrondissement de Thiers), et Tours (arrondissement de Clermont) s'adonnent à la production du plant. Elle est chez elles l'objet d'une spéculation assez lucrative pour les petits cultivateurs, qui seuls font des semis dans ce but. Mais comme toutes les spéculations, celle-ci a ses chances bonnes et mauvaises, les saisons ne se montrant pas toujours favorables au succès des pépinières. Les temps contraires ont plutôt pour inconvénient d'entraîner une déception dans les espérances de bénéfices du producteur de plant que la perte d'un capital engagé. Les semis se font tout simplement en culture dérobée, à l'exposition du midi ou du levant de préférence à toute autre, et dans un terrain de choix, sur le chaume d'une céréale pour laquelle on avait abondamment fumé. Une bonne récolte s'élève à trois ou quatre millions de plants dans les années favorables. On les vend dans ce cas d'un franc à un franc cinquante le mille, et le produit net de l'hectare peut aller jusqu'à cinq cents francs. Si l'hiver a été rude et long, avec des alternatives de gelées et de dégels, le plant devient rare; le prix s'élève alors jusqu'à trois francs et au-delà.

La cendre de tourbe est utilement employée pour préserver les jeunes plants des attaques des insectes.

Les débouchés de ce produit sont d'abord dans le pays même. Le surplus est acheté par des marchands pour les départements de la Loire, de la Haute-Loire et même de l'Ardèche.

Les cantons du Puy-de-Dôme qui en plantent le plus sont ceux d'Ambert, Arlanc, Viverols, Saint-Anthème, Saint-Germain-l'Herm, Saint-Amant-Roche-Savine, Cunlhat, de l'arrondissement d'Ambert; après eux viennent ceux d'Olliergues, Courpière, Thiers, Saint-Remy et Saint-Dier.

Le terrain destiné à recevoir une plantation de choux est fumé, puis bêché. Les plants sont mis en lignes et espacés de soixante à soixante-dix centimètres les uns des autres. Les mois de mars et d'avril et la première quinzaine de mai sont l'époque la plus ordinaire pour les mettre en place.

Cependant on se hasarde à en planter aussi en décembre pour en obtenir des feuilles un peu plus tôt dès le mois de mai suivant; ils réussissent assez bien quand la neige les abrite contre les rigueurs de l'hiver.

La possibilité de cultiver ce chou jusque sur les plateaux les plus élevés de nos montagnes de la chaîne du Forez, où il donne un très-utile complément de la nourriture des vaches laitières, explique la faveur dont il y jouit et les soins dont on l'entoure. Il reçoit deux binages après la transplantation, le second donné quelquefois à la bêche, avec les précautions nécessaires pour ne pas l'ébranler.

Il atteint une hauteur moyenne de cinquante à soixante centimètres; et dans les meilleures conditions de fumure, de culture et de bonne qualité du terrain, il s'élève jusqu'à plus d'un mètre.

La cueillette des feuilles commence six semaines après la plantation du printemps, c'est-à-dire, suivant les localités et les circonstances, en mai ou juin. Le rendement est faible d'abord; mais successivement la plante prend de la vigueur, et dès le mois de juillet elle est en plein rapport.

La récolte, commencée par un bout du champ, est continuée sans interruption jusqu'à l'autre, en ayant soin de n'enlever à chaque chou qu'un petit nombre des feuilles les plus basses, que l'on s'attache à arracher sans laisser de tronçon au pétiole. On tient aussi à bien ménager la tête.

Après avoir ainsi parcouru toute la pièce, on recommence, comme la première fois, pour continuer jusqu'aux grands froids. Ceux-ci passés, on reprend l'effeuillage, mais avec modération, pour ne pas gêner la floraison, qui a lieu à la fin d'avril et en mai.

Le chou prend alors un développement de branches considérable; et lorsqu'il arrive à être en fleur, il fournit une récolte fourragère abondante précédant celle des trèfles et autres fourrages artificiels dans les localités où les deux cultures existent simultanément. Le rendement de cette récolte peut alors être assimilé à celui d'une coupe moyenne de maïs.

Une plantation de vingt à vingt-cinq ares, bien réussie, est réputée suffire pour fournir à huit vaches laitières le complément de ration nécessaire pour en obtenir un bon produit en lait, dont le chou favorise singulièrement la sécrétion.

On ne l'emploie pas à l'engraissement, parce que les habitudes du pays portent plutôt à la spéculation sur le beurre et le fromage.

A quelle espèce appartient ce *chou à vaches?* Il existe des incertitudes sur ce point. Assez généralement on est porté à voir en lui un *chou cavalier*, modifié par le climat et le terrain peut-être. Comme lui, il s'élève sans pommer. M. Gustave Celeyron est disposé à le considérer comme un *chou de milan* dégénéré.

« On a remarqué, dit-il, que des graines provenues du chou de Milan, soit qu'elles eussent dégénéré, soit que ce fût l'effet d'une hybridation accidentelle, avaient produit du plant de chou conforme à celui destiné habituellement à la nourriture des vaches, et tout aussi avantageux en tous points à cette destination. »

## CHAPITRE XXIV.

### Espèce chevaline.

Le cheval ne rend que d'assez faibles services à l'agriculture du Puy-de-Dôme. Quelques communes, où les vignes abondent plus que les champs, dans les cantons de Pont-du-Château, Vertaizon, Billom, Vic-le-Comte, l'ont, il est vrai, plus ou moins complètement substitué au bœuf et à la vache, comme animal de labour ; mais partout ailleurs il ne joue qu'un rôle très-secondaire. Des fermiers de domaines importants, de riches paysans ont un cheval ou une jument pour leurs voyages et pour conduire leurs denrées au marché, et cet animal sert aussi aux labours, aux transports des fumiers ; mais il n'est toujours qu'un agent très-accessoire de la culture.

Quand cet auxiliaire est une jument, on l'emploie quelquefois à la reproduction.

L'Etat a eu dans le département jusqu'à treize étalons distribués entre six stations (en 1831), tant dans la plaine que dans la montagne. Depuis, sans jamais remonter à ce chiffre, le nombre de ces reproducteurs a varié beaucoup, et au point de descendre à deux graduellement en 1842, avec une seule station, celle de Clermont. Il s'est relevé dans les années suivantes, mais non d'une manière constante, jusqu'à neuf. En 1860, le département a huit étalons de l'Etat, répartis entre deux stations, Clermont et Rochefort, une pour chaque région. Ce fait seul suffit pour démontrer combien l'élève du cheval est peu dans les goûts et dans les habitudes du pays. Généralement, quand on s'y livre, c'est bien plus par fantaisie que par spé-

culation sérieuse. On citerait peu d'éleveurs possédant plusieurs poulinières.

Cependant le département produit quelques chevaux,
puisque chaque année les officiers préposés à la remonte
de la cavalerie trouvent à en acheter qui y sont nés
et y ont été élevés. Néanmoins, pour se pourvoir de chevaux de luxe et de gros trait, il est obligé de demander
presque tout au commerce. Ceux que produit la montagne
sont plutôt propres à la selle qu'à la voiture. Le contraire
a lieu dans la plaine.

Un emploi plus lucratif de la jument, c'est celui qu'en
font quelques cantons de la montagne pour l'élevage du
mulet. De ce nombre sont les cantons d'Ardes, Rochefort,
Pontaumur. L'arrondissement d'Ambert, qui se livrait autrefois à cette spéculation, l'a abandonnée, sans qu'il pa-
raisse avoir augmenté proportionnellement sa production
chevaline. La vache y est l'animal de prédilection à cause
de son lait.

# CHAPITRE XXV.

## Espèce asine.

L'âne lui-même est au nombre des animaux dont l'agriculture auvergnate a cherché à tirer partie. On cite deux communes, Pont-du-Château et la Sauvetat, toutes deux du grand vignoble, où l'on attelle les ânes par couples, soit à l'araire, soit à de grandes charrettes de dimension à pouvoir contenir d'assez lourdes charges.

Ces animaux tirent au moyen d'une espèce de joug double en bois embrassant le cou et s'appuyant sur un mauvais coussinet en forme de collier, destiné à adoucir l'appui de ce que nous appelons le joug sur l'épaule et le poitrail. Le timon de la charrette et celui de l'araire portent dans une boucle fixée au milieu de ce joug.

Deux ânes de petite taille, attelés ainsi, traînent d'assez lourdes charges, qui sembleraient même disproportionnées avec l'exiguité de leurs formes.

Le nombre de ce genre d'attelages est moindre aujourd'hui qu'il ne l'était il y a peu d'années. Les vaches tendent à les remplacer depuis qu'on a reconnu la possibilité de faire travailler une vache seule au moyen d'un collier et d'un harnais analogues à ceux du cheval.

# CHAPITRE XXVI.

## Espèce bovine et ses produits.

Le bétail de cette espèce peut être divisé en quatre groupes.

Chacun des trois premiers sera composé de l'une de nos principales races, savoir : 1° race de Besse ou de Brion ; 2° race de Latour ou de Rochefort, autrement dite encore ferrande, ferrandaise, ferrandine, du Marais de la Limagne ; 3° race des montagnes d'Ambert et de Thiers ;

Le quatrième groupe comprendra les métis et types divers.

### § 1ᵉʳ. — *Race de Besse ou de Brion.*

Les animaux connus dans la contrée sous ces noms, qui sont ceux des principales foires où ils se vendent et qui se tiennent au cœur même du pays où ils s'élèvent, pourraient aussi bien porter le nom de *Salers*. Ils en ont tous les caractères, indépendamment d'une origine commune. Le mode d'élevage est aussi le même, et l'analogie est grande entre les localités, montagneuses les unes et les autres, qu'ils occupent dans des cantons contigus des deux départements du Cantal et du Puy-de-Dôme. Il n'est pas rare, chez des éleveurs de ce dernier département, attentifs à bien choisir les reproducteurs et à soigner convenablement les produits, de rencontrer un bétail aussi distingué que celui des bonnes vacheries de Salers.

L'élevage se fait en grand et à titre d'industrie principale dans toute la partie la plus élevée du canton de Besse et dans quelques communes des cantons voisins, notamment de celui d'Ardes, sur les hauts plateaux et puys, couverts les uns et les autres des bons herbages que nous avons décrits ailleurs sous le nom spécial de *montagnes*.

Les veaux suivent leurs mères sur ceux de ces pâturages où l'on estive les vaches à lait. On en a déjà alors sacrifié environ la moitié immédiatement après la naissance. Les vachers tiennent beaucoup à ce que les veaux arrivent de bonne heure, c'est-à-dire en janvier; ils sont plus forts au printemps et peuvent plus facilement en supporter les froids quand leurs mères commencent à aller dans les prés; quelques-uns sont vendus aux bouchers à l'âge de quatre ou cinq semaines. Les autres, destinés à l'élevage, tètent deux vaches pendant cinq à six mois. Pour faire adopter par une vache qui vient de mettre bas un veau qui n'est pas le sien, on le frotte avec le sang qu'elle vient de perdre ; elle le lèche presque immédiatement et l'adopte en même temps. Mais ce luxe de nourrices n'est pas accordé aux veaux pour leur procurer une plus abondante alimentation. On y voit seulement un moyen d'obtenir une plus grande quantité de lait ; aussi le *vacher*, toujours très-désireux d'augmenter sa fabrication de fromages , ne laisse-t-il pas téter ces jeunes animaux au gré de leur fantaisie.

A titre de compensation, on leur permet de brouter l'herbe tendre des *fumades*. (Voir page **162**.)

On donne le nom de *vacher* à un homme spécialement chargé de faire les fromages. Il a sous ses ordres deux jeunes garçons dont l'un garde les vaches et l'autre les veaux, tenus séparés de leurs mères, auprès desquelles ils sont ramenés pour téter aux heures où l'on trait. Ces veaux passent les nuits dans une petite étable à côté du buron.

A l'automne, une partie des jeunes bêtes est vendue à des éleveurs ou marchands de pays plus ou moins éloignés, et en particulier de la Limagne. Elles ont alors de six mois à un an. Celles que l'on conserve sont saillies dès l'âge de deux ans.

On élève plus de mâles que de femelles.

A un an, ces jeunes animaux reçoivent le nom de *bour-rets* ou *bourrettes*; à l'âge de deux, celui de *doublons* ou *doublonnes*; à trois ans, ils deviennent *tersons* ou *ter-sonnes*.

Au nombre des femelles reconnues nécessaires pour garnir une montagne consacrée aux jeunes bêtes qui vont être propres au trait, on ajoute un ou deux taureaux pour le service de celles qui ne seraient pas encore pleines. Souvent aucun soin ne préside au choix de ces étalons. Ce sont quelquefois de jeunes animaux sans aucun caractère de race et sans qualité, envoyés de la plaine par des éleveurs qui trouvent économique de recourir à un mode de nourriture aussi peu coûteux que l'est l'estivage.

Il en est autrement lorsque le propriétaire ou fermier garnit sa montagne avec des vaches dont il se propose d'élever les veaux. On fait alors un choix parmi les taurillons d'un an à dix-huit mois, qui sont réputés donner de meilleurs produits que ceux d'un âge plus avancé.

Pour obtenir de bonnes vaches à lait, les éleveurs choisissent des taureaux issus d'une souche bonne laitière. Ils savent que c'est là un point important, et ils croient que dans la génération l'influence du mâle sur les qualités des descendants l'emporte sur celle de la vache saillie.

Les élèves mâles et femelles qui ne sont pas vendus dans l'année de leur naissance, ne le sont plus qu'à l'âge de trois ou quatre ans. La vente s'en fait au moment de la descente de la montagne. Les vaches sont toutes pleines alors, à peu d'exceptions près. Ce jeune bétail est très-recherché des agriculteurs du département et de ceux du Forez, du Charolais, du Berry, du Poitou et d'une partie du Bourbonnais.

L'élevage des jeunes bêtes de trait donne lieu à une des plus importantes industries de la localité. Il est peu de cultivateurs qui ne fassent au printemps la spéculation d'acheter une quantité de vaches proportionnée à leurs moyens, pour les envoyer dans une montagne jusqu'à l'automne.

Le premier bonheur du jeune montagnard et sa première ambition, au sortir de l'enfance, est d'arriver par ses économies, gages ou salaires, à acheter une vache, et par le gain réalisé sur cette première opération, de commencer une série d'autres entreprises semblables, très-souvent fructueuses pour lui, surtout quand il est devenu connaisseur.

Beaucoup d'habitants qui s'expatrient en hiver reviennent au printemps pour se livrer eux-mêmes à cette spéculation, ou prêter leurs fonds à d'autres qui en feront cet emploi.

Les achats importants se font aux foires du Cantal en mai; le surplus dans la localité, à la même époque, et parmi les élèves du pays.

De mai jusqu'à la revente, ces bestiaux pacagent sur la montagne, sous la garde d'un *bâtier*. Pendant les nuits, ils parquent une partie des meilleurs pâturages.

La vente des jeunes vaches propres au trait commence chaque année avec les foires de septembre et d'octobre, dont les plus importantes sont celles de Besse et de Brion.

Le montagnard contracte dès l'enfance l'habitude de traiter le bétail avec beaucoup de douceur. Aussi celui qu'il élève est-il remarquable lui-même par son caractère paisible et inoffensif.

§ II. — *Race de Latour, de Rochefort, Ferrande, Ferrandaise, Ferrandine, du Marais, de la Limagne.*

Il fut un temps où, pour la production du bétail de cette race, la plaine faisait une assez grande concurrence à la montagne; il paraît même qu'elle la primait pour la qualité. Alors, il existait dans les grands domaines des environs de Clermont, de Montferrand, de Gerzat, de Riom, de vastes et abondantes pâtures, et il était d'usage de s'y livrer à l'élève des bêtes à cornes. Cette opération paraît avoir été l'objet de soins tout spéciaux de la part des fermiers de ces temps-là. On parle encore aujourd'hui de la haute taille et de l'ampleur des formes qu'elles atteignaient; on les cite pour leurs mérites comme animaux de trait et pour l'aptitude laitière des vaches. Beaucoup de nos contemporains ont pu en juger par eux-mêmes.

Les jeunes bêtes d'élève étaient conduites à la montagne pour estiver, et c'était par bandes nombreuses que certains fermiers de la Limagne les menaient aux foires. Cette habitude leur avait valu le surnom de vachers.

Une tradition trop peu ancienne pour ne pas offrir des garanties de certitude nous apprend que les montagnes où ces jeunes animaux allaient paître pendant la belle saison, étaient celles des cantons de Latour et de Rochefort, dont le bétail, de nos jours, présente les mêmes aptitudes et la même conformation que celui dont nous venons de parler, mais avec une moindre taille. La robe aussi est la même, c'est-à-dire le pie-rouge et le pie-noir.

Aujourd'hui les gras pâturages de la plaine sont en culture. Les domaines n'ayant plus pour ainsi dire que le bétail nécessaire pour le labourage, l'élevage ne s'y fait qu'en partie et très-exceptionnellement. Les fermiers préfèrent acheter de jeunes bêtes de l'année au moment où elles descendent de la montagne. Ce bétail, soumis à un régime différent dès le premier âge, et issu de parents qui ont eu une taille moins haute pendant une longue suite de générations, n'atteint plus le même développement qu'autrefois.

Le mode d'élevage et d'entretien de cette race dans le canton de Latour et dans une partie de celui de Rochefort est le même que dans le canton de Besse, partout où il existe des herbages de la nature de ceux que nous avons déjà désignés sous le nom de *montagnes*.

Ce bétail est répandu dans les cantons de Bourg-Lastic, Herment, Pontgibaud, Pontaumur, où l'élevage se fait aussi; mais on lui trouve de moindres qualités et une plus petite taille à mesure que l'on s'éloigne des pays à bons pâturages. Il faut même reconnaître que dans quelques localités il a atteint un degré de dégradation déplorable et est arrivé à ce point qu'on peut se demander si ces animaux sont bien de la même race que ceux de Latour.

Mais ces derniers se retrouvent avec leurs bonnes apparences et leurs qualités dans tout le pays qui s'étend de Clermont à la limite du département au-delà d'Issoire, où les cultivateurs en font grand cas pour leurs labours.

C'est dans cette région surtout, comme aux environs de Clermont, que cette race porte les noms de *ferrande*, *ferrandaise*, *ferrandine*, de la *Limagne*, du *Marais*.

Abondamment nourrie dès son jeune âge, elle acquiert assez promptement une forte stature, et elle montre une assez grande aptitude à l'engraissement.

Les sujets élevés dans la montagne se vendent en grand nombre aux foires de Latour, Rochefort, Orcival, Clermont, Montferrand et Issoire. Les mâles et les femelles y sont livrés à la vente depuis l'âge de huit à dix mois. On n'y garde pas les bœufs au-delà de l'âge de trois ans.

Dans la même région, un certain nombre de veaux sont vendus aux bouchers à l'âge de quatre ou cinq semaines, et même souvent plus tôt, soit par suite d'une élimination de ceux dont il n'y a rien de bon à attendre, soit pour avoir davantage de lait à transformer en fromage.

Les femelles y sont employées à la reproduction dès l'âge de deux ans; les mâles, d'un an à deux ans et demi.

§ III. — *Race des montagnes d'Ambert et de Thiers.*

Cette race porte divers autres noms qu'elle emprunte aux localités où elle est élevée avec le plus de soin.

Ainsi on l'appelle indifféremment race de *Saint-An-thème*, de *Marat*, du *Brugeron* (communes de l'arrondissement d'Ambert), ou de *Pierre-sur-Haute*, du nom du plus élevé des pâturages à vaches de cette même région.

Dans l'arrondissement de Thiers, elle est appelée aussi race de *Saint-Remy* et de *Saint-Victor*, deux communes situées dans le prolongement, au nord, de la même chaîne de montagnes.

M. Bartin, vétérinaire à Ambert, a donné une description très-exacte des caractères de cette race, pris sur les types les plus corrects que l'on trouve dans cet arrondissement, où ses qualités distinctives se rencontrent peut-être au plus haut degré. Nous allons le laisser parler :

« La race bovine de la chaîne des montagnes du dépar-
» tement du Puy-de-Dôme qui nous sépare du Forez, et
» dite de *Pierre-sur-Haute*, paraît ancienne ; bien que cette
» ancienneté ne soit constatée par aucun titre authentique,
» ce fait semble ressortir des caractères de fixité que l'on
» remarque sur tous les animaux de cette race ; partout on
» les rencontre, pourvu que ces animaux aient été conve-
» nablement nourris, et qu'il n'y ait eu mélange d'aucun
» sang étranger.

» Les caractères distinctifs de cette race sont :

» *Poids.* — Quatre à cinq cents kilogrammes.

» *Taille moyenne.* — Un mètre cent cinquante milli-
» mètres à un mètre deux cents millimètres ; du garrot à
» la pointe du coude, huit à neuf cents millimètres.

» *Robes et pelages.* — Le pelage est généralement vif mi-
» roité ; les trois principales nuances qui le caractérisent
» sont :

» 1° le rouge ou alezan cerise, avec le dessous du ventre
» blanc, et une raie de même couleur s'étendant du garrot
» à la base de la queue ;

» 2° Le noir franc, quelquefois violacé, avec les mêmes
» parties blanches ; les robes rouges et noires à l'état zain
» sont rares.

» Les deux nuances que nous venons de caractériser sont
» le plus souvent accompagnées d'une pelote ou d'un crois-
» sant plus ou moins étendu, situé au milieu du front. D'au-
» tres fois, mais plus rarement, la tête entière est blanche
» avec un cercle de la couleur de la robe autour des yeux ;

» 3° Le pie alezan ou noir, à couleur nettement tranchée,
» est prédominant sur ces dernières nuances ; les nuances
» fleur de pêcher, rouan, mille-fleurs sont rares et moins
» recherchées.

» *Peau.* — Fine et souple, poil ras et luisant.

» *Ligne dorso-lombaire.* — Généralement droite chez les
» jeunes sujets, légèrement ensellée chez les sujets âgés.

» *Tête.* — Sèche et peut-être un peu longue, mufle effilé
» et bien porté.

» *Yeux.* — Beaux, vifs, et de moyenne grandeur.

» *Cornes.* — De moyenne longueur, grêles à leur base,
» dirigées d'abord presque horizontalement à leur sortie de
» la tête ; leur extrémité libre reste parfois verticale ; chez
» la plupart des animaux, cette extrémité est contournée
» en arrière.

» *Oreilles.* — Petites plutôt que grandes, recouvertes
» d'une peau fine, très-mobiles, surtout lorsqu'un objet
» éveille l'attention de l'animal.

» *Encolure.* — Un peu grêle, mais bien sortie du poitrail.

» *Fanon.* — Généralement peu développé, souple et seu-
» lement constitué par l'adossement ou repli de la peau
» de l'encolure, sans tissu cellulaire ou graisseux intermé-
» diaire.

» *Garrot.* — Bien sorti et sans empâtement, surtout chez
» les vaches laitières, dites de *montagne.*

» *Thorax.* — Vaste, surtout dans le sens vertical, côtes
» un peu plates plutôt que rondes.

» *Abdomen.* — Un peu volumineux sans être pendant.
» Chez les animaux d'un certain âge et qui ont porté plu-
» sieurs fois; cette disposition de l'abdomen est mise en
» évidence, surtout pour les vaches à côtes plates, et,
» comme on le dit vulgairement, un peu pointues du der-
» rière.

» *Croupe.* — Horizontale et longue, souvent relevée vers
» la base de la queue.

» *Hanches.* — Médiocrement distantes l'une de l'autre,
» un peu saillantes chez les vaches purement laitières.

» *Cuisses et fesses.* — Médiocrement garnies, les cuisses
» surtout; les muscles fessiers beaucoup moins développés
» que dans certaines autres races, celle de Suisse par exem-
» ple; au lieu de descendre verticalement jusqu'au jarret,
» comme dans la race précitée, ils sont un peu rentrants
» vers leur extrémité inférieure et au-dessus de la corde
» du jarret, de manière à former avec cette dernière un angle
» très-ouvert. L'anus n'est pas enfoncé comme on l'observe
» dans certaines races, les lèvres de la vulve sont minces
» sans être pendantes, l'écusson bien marqué.

» *Queue.* — Bien relevée à sa naissance, forte, longue et
» munie à son extrémité inférieure d'une grosse touffe de
» crins, qui vont quelquefois jusqu'à terre.

» *Épaule.* — Longue, oblique et un peu aplatie.

» *Avant-bras.* — Relativement long, sec et bien musclé.

» *Genou.* — Large et sec.

» *Extrémités inférieures.* — Canon court et sec, tendons
» bien détachés, boulets et pâturons court-jointés, sabots
» bien faits, corne excellente, les onglons ne s'écartant ja-
» mais pendant l'appui.

» *Jambes.* — Longues, bien musclées et pyramidales.

» *Jarrets.* — Larges, secs et droits, le reste comme aux extrémités inférieures.

» *Rendement en lait, fromage et beurre.* — Le produit
» est de dix à douze litres de lait pendant dix mois de
» l'année, convertis en huit cents grammes de fromage, et
» cent vingt-cinq grammes de beurre par jour.

» Tels sont les caractères de la catégorie des vaches lai-
» tières dites de *Montagne*. Celles de la vallée et des bords
» de la Dore (toujours à l'est de la Dore), soumises au tra-
» vail, présentent quelques légères modifications, suivant
» les localités, modifications qui ne nuisent en rien à la
» physionomie spéciale à cette race. Un peu moins de
» finesse dans la peau, la tête moins longue et plus carrée,
» les cornes aussi moins longues et plus grosses à leur
» base, l'encolure plus forte, le fanon plus développé, le
» corps et les membres plus courts, la côte plus ronde, la
» taille un peu moins élevée, telles sont les modifications
» qui se font remarquer principalement dans les commu-
» nes d'Olliergues, Marat et Vertolaye.

» *Taureaux.* — Les taureaux du pays constituent, ce
» nous semble, de véritables types, et il est douteux qu'il
» s'en trouve de mieux constitués. D'une taille moyenne,
» tête courte, large et carrée, cornes courtes et très-volu-
» mineuses à leur base; encolure courte, énorme, munie
» d'un large fanon flottant jusqu'au dessous des genoux;
» une poitrine ample, la côte ronde, un abdomen cylin-
» drique que l'on dirait fait au tour; des épaules et des
» hanches charnues sans empâtement, les extrémités dé-
» tachées du tronc, courtes, osseuses et entourées de li-
» gaments et de tendons libres et quelquefois apparents
» sous une peau fine.

» Tels sont les caractères du taureau pur sang de *Pierre-
» sur-Haute.* »

Ce signalement ne peut s'appliquer aux vaches des environs de Thiers qu'avec les modifications indiquées par M. Bartin pour celles de la vallée et des bords de la Dore. En ce qui concerne les taureaux, il n'y aurait peut-être de réserves à faire que pour la taille, qui est souvent plutôt petite que moyenne.

Il importerait que cette race fût officiellement reconnue et qu'on lui accordât une classe spéciale dans les concours régionaux. Stimulé par de sérieux encouragements, l'élevage se ferait avec soin. La notoriété plus grande donnée à une race déjà en possession de qualités précieuses en activerait la demande. Nul doute que ces qualités ne se développassent encore sous l'influence des fortes primes et des bons prix de vente que les éleveurs auraient en perspective.

Dans le chaînon occidental des montagnes de l'arrondissement d'Ambert, ce bétail n'a plus les mêmes qualités, sans doute à cause d'un régime moins bon et d'une élevage plus négligé. Mais l'état sous lequel il s'y montre ne saurait être considéré comme l'indice certain d'une différence de race. Et ce qui le prouverait, c'est ce que l'on remarque chez quelques éleveurs de la même contrée, dont les animaux mieux traités se rapprochent beaucoup plus du type dont nous avons donné le signalement.

La même race s'étend sur l'arrondissement de Thiers jusqu'à l'Allier, mais sans y être employée d'une manière aussi exclusive que dans la montagne.

Ses aptitudes essentielles ne sont pas partout les mêmes. Les vaches élevées pour garnir les hauts pâturages, dont la montagne de Pierre-sur-Haute est le point culminant, sont spécialement aptes à produire beaucoup de bon lait. Ailleurs, ce bétail se fait remarquer par ses excellentes dispositions à supporter un travail long et pénible. On peut induire de là les plus fortes présomptions de sélections auciennes, bien dirigées, présomptions confirmées d'ailleurs par les imperfections que présente le même bétail lorsqu'il est élevé dans des conditions moins bonnes.

L'énergie de ces animaux est telle que, dans les longs voyages qu'ils font jusqu'aux bords de la Loire pour y conduire des bois de construction, fournis en assez grande quantité par les forêts de sapins des montagnes, on les maintient quelquefois sous le joug durant trente-six heures consécutives, sans les en débarrasser pendant les haltes, et même pendant les moments où ils prennent leur nourriture.

Le même fait se reproduit presque journellement lors des transports de bois de chauffage que font sur Thiers les métayers des domaines de la montagne de cet arrondissement.

Les personnes peu au courant de ce que valent de petits bœufs capables de pareils travaux, s'étonnent de les voir vendre dans les foires du pays à des prix que ne dépassent pas toujours, si même ils les atteignent, des bœufs de la plaine d'une plus haute stature et de formes plus développées.

Une tendance assez marquée à prendre promptement la graisse est un caractère commun à la plupart des bêtes de cette race.

Dans la région d'Ambert, on n'élève pas pour la vente, mais seulement pour maintenir le nombre de vaches qu'exige la principale spéculation à laquelle sert le bétail, la production du beurre et du fromage. Aussi ne conserve-t-on en fait de mâles que les sujets nécessaires pour la reproduction locale. On les y emploie quand ils sont âgés de douze à quinze mois. Les paysans prétendent qu'après le part, le lait est plus abondant que si les vaches avaient été saillies par des étalons plus avancés en âge.

Ils sont aussi considérés comme plus aptes à procréer de bonnes laitières.

Pour entretenir leurs attelages, les cultivateurs achètent aux foires de Billom, Mauzun, Sauxillanges et Ardes des bœufs qui descendent en général des montagnes de Besse et de Latour.

On conserve autant qu'on le peut les génisses nées des meilleures vaches; mais ce motif de préférence, dont on connaît la valeur pour s'assurer de bons produits, est souvent subordonné à la règle que l'on s'est faite de n'élever que des sujets que l'on pourrait sevrer avant de les envoyer à la montagne pour y passer l'été. On tient même à ce qu'ils soient le plus forts possible à ce moment, et on y tient au point de sacrifier impitoyablement un veau riche d'avenir et de la meilleure généalogie, si, au moment où il naît, le nombre de ceux que l'on veut élever est complété déjà depuis quelque temps.

Pour une étable de quinze ou seize vaches laitières on conserve donc trois ou quatre élèves dont un mâle. Le petit propriétaire ne garde toujours que des femelles. Le propriétaire d'une vacherie vend aux bouchers, dans la première ou la seconde semaine de leur naissance, les veaux qu'il ne veut pas conserver. Ceux qui naissent à la montagne sont enlevés le jour même.

Les petits propriétaires les soignent, au contraire, pendant cinq ou six semaines, pour les vendre également aux bouchers.

On peut dire d'une manière générale, ce qui n'exclut pas certaines exceptions, que les élèves sont très-médiocrement nourris. Au risque de compromettre les profits de l'avenir, on se préoccupe trop exclusivement de la spéculation sur le laitage, pour consentir à leur faire une part convenable dans les fourrages et les soupes que l'on distribue généreusement aux mères. Leur tour viendra de recevoir de bonnes provendes, mais plus tard, lorsqu'ils seront en âge de jouer un rôle productif.

Les vaches qui sortent de ce pays sont ou des animaux hors d'âge, réformés parce qu'ils ne produisent plus assez, ou de jeunes bêtes chez lesquelles on n'a pas reconnu l'aptitude à donner beaucoup de lait.

. Sur les points où le lait n'est pas considéré comme le produit le plus important à attendre d'une vache, où par conséquent, sans négliger de lui attribuer une certaine valeur, on tient grand compte du travail et des ventes de bétail, l'élevage est placé dans des conditions un peu différentes, mais laissant aussi à désirer. N'ayant pas à compter avec les exigences de la montée dans de hauts pâturages, on garde les veaux sans se préoccuper autant de l'époque de la naissance, et on élève pour vendre. Toutefois cette spéculation ne se fait ni de la même manière, ni avec les développements qu'elle prend dans les montagnes de la chaîne des monts Dores.

Tous les domaines de la montagne des environs de Thiers s'adonnent à l'élevage; presque tous les veaux y sont conservés dans ce but.

Là, comme dans beaucoup d'autres parties de l'Auvergne, les étalons très-jeunes sont préférés; on les emploie dès l'âge de quinze mois. Il n'y a pas d'âge fixe pour livrer les génisses à la reproduction. Le hasard préside souvent aux accouplements.

On élève indifféremment mâles et femelles, mais là aussi on nourrit assez médiocrement. Le sevrage a lieu cinq mois après la naissance. A l'âge de deux ans et demi on commence à soumettre toutes ces jeunes bêtes au joug.

Une remarquable aptitude au travail, comme nous l'avons déjà fait pressentir, est la qualité la plus éminente de cette tribu de la race dont nous nous occupons ici. Les vaches sont des laitières passables, surtout eu égard à leur régime. Ces animaux passent pour être d'un engraissement assez facile.

Peu exigeants sous le rapport de la nourriture, ils paissent, pendant toute la belle saison, sur des terres en friches, sur des champs de genêts, sur des bruyères et dans les bois. Après l'été de la Saint-Martin et dès les premières gelées, ils sont retenus à l'étable, où on les nourrit de foin, avec mélange d'une assez grande quantité de paille dans la ration des vaches. Pour faire cette *pâture*, on n'emploie que les pointes des pailles.

Après avoir été bistournés à l'âge de trois ans, les mâles continuent de faire les travaux de la ferme jusqu'à ce qu'ils aient complété leur quatrième ou cinquième année, époque où ils sont conduits aux foires. Recherchés par les cultivateurs du département de la Loire, c'est là qu'ils vont passer le reste de leur utile existence, jusqu'au moment où, engraissés, ils sont dirigés sur les abattoirs de Saint-Étienne et de Lyon.

On vend peu de jeunes vaches. C'est seulement à l'âge de sept ou huit ans que l'on pense à s'en défaire. On attend pour les vendre qu'elles soient près de mettre bas. En cet état, elles sont achetées à de bons prix par des marchands du Forez, qui les revendent aux cultivateurs de ce pays.

Depuis quelques années, le prix moyen de ces vaches dans ces conditions est monté à deux cents francs, celui de la paire de bœufs atteint le chiffre de cinq cents francs. Aux foires de Saint-Anthème, on voit des vaches vendues de quatre cents à cinq cents francs l'une; mais ce sont des sujets de première qualité dans la race.

Transportés jeunes dans la plaine du Forez et bien nourris, les animaux de cette race acquièrent un développement en taille et surtout en volume qu'ils n'auraient pas atteint dans leur pays natal.

Lorsqu'on porte son attention sur les qualités assez éminentes que possèdent nos principales races de bêtes à cornes,

et qu'elles conservent malgré des modes d'élevage assez défectueux généralement, une réflexion vient tout naturellement à l'esprit, et l'on se dit que le département du Puy-
de-Dôme pourra, quand il voudra consacrer des soins attentifs
aux accouplements et soumettre les jeunes animaux, dès
leur naissance, à un régime suffisamment nutritif et à une
bonne hygiène, avoir des races qui obtiendront une bonne
réputation, moins restreinte que celle dont elles sont en
possession, et la mériteront.

### § IV. — *Métis et Types divers.*

En dehors des contrées montagneuses que nous avons
déjà citées comme possédant des races spéciales qui s'y
maintiennent par un élevage sans mésalliance ni croisement
quelconque, on ne trouve plus dans le reste du département
aucune localité où l'usage ait prévalu d'apporter un grand
soin dans l'appareillement des animaux employés à la reproduction. Dans les cantons de Menat, Saint-Gervais, Manzat,
Pionsat et Montaigut de l'arrondissement de Riom, situés
dans la partie nord de la chaîne des monts Dômes, et où,
à cause d'une certaine importance dans les prairies et pâturages, l'élevage reçoit quelque développement, les choses
se passent néanmoins ainsi. Les cultivateurs de ces pays font
indistinctement leurs achats de bétail dans les départements
du Puy-de-Dôme, de la Corrèze, de la Creuse et de l'Allier,
et apportent la même indifférence dans les accouplements.

Toute la plaine présente quelque chose d'analogue. A côté
des salers et ferrandais purs, recrutés comme nous l'avons
déjà dit, et de quelques limousins, dus au voisinage du
département de l'Allier, on trouve un plus grand nombre
d'animaux provenant du métissage de ces races entre elles,
ainsi que de l'accouplement de ces métis entre eux ou avec
ces races diverses. Car la plaine, et dans la plaine la Limagne elle-même, ne s'abstiennent pas d'élever des bêtes

à cornes, malgré le voisinage des montagnes, où elles pourraient se remonter. On élève principalement pour remplacer
les bêtes qui vieillissent ; et cette opération, faite en petit,
mais par un très-grand nombre de personnes, produit en
définitive une assez grande quantité de têtes de bétail.

Les domaines ne sont pas seuls à s'y livrer, on la retouve
très-fréquemment chez les petits cultivateurs ; chez ceux-là
même qui n'emploient qu'un attelage de deux vaches, il
est assez habituellement d'usage d'élever une génisse, destinée à prendre un jour sous le joug la place de l'une de
celles-ci, et bien souvent ce jour arrive beaucoup trop tôt.
Soumis avant le moment convenable à un travail pénible,
ce jeune animal ne peut plus acquérir la taille et la force
requises pour devenir apte à un bon service. Beaucoup de
cultivateurs ne tiennent pas, à l'égard de la vache, comme
on fait pour le bœuf, à atteler ensemble deux bêtes de conformation, d'âge et de taille à peu près semblables. Aussi
n'est-il pas rare chez eux de voir des attelages composés
de deux sœurs, ou d'une mère avec sa fille.

Les génisses élevées dans la plaine ne sont pas toujours
nées chez leur propriétaire. Beaucoup de personnes préfèrent vendre les veaux de leurs vaches, et acheter aux foires
de l'automne de jeunes bêtes nées dans les montagnes, et
alors âgées de six mois à un an. Depuis quelques années, le
haut prix payé pour les veaux par la boucherie, a contribué
à donner de l'extension à cette manière d'opérer, qui offre
encore l'avantage de laisser disponible pour les besoins du
ménage du paysan tout le lait de sa vache. Peut-être un
calcul plus complet lui ferait-il reconnaître qu'il y aurait
plus de profit encore à n'acheter que des animaux en âge
de travailler et de produire ; mais il se laisse séduire par la
modicité de la somme que lui coûte la jeune bête. Il lui semble plus commode d'avoir à la nourrir pendant un an ou
dix-huit mois, sans en recevoir aucun service, que de dé-

bourser plus tard le double ou le triple pour une génisse plus âgée ; et cependant le plus grand nombre d'entre eux, sinon tous, s'abstiennent de mettre à profit la faculté d'envoyer leurs élèves en estive dans la montagne. Cette pratique économique n'est guère en usage que chez quelques fermiers exploitant des domaines.

L'élevage par les petits cultivateurs n'est pas essentiellement favorable à l'amélioration de l'espèce. Chez eux, le lait n'est pas généreusement dispensé au veau, ni remplacé par un équivalent pour la partie qu'on lui soustrait. En hiver, la paille entre dans sa ration pour une plus large part que les fourrages plus nourrissants. On a la prétention de corriger avec l'alimentation meilleure du printemps et de l'été les fâcheux résultats de ce régime défectueux. Mauvais calcul, mal fondé d'ailleurs, parce que le système cultural tend bien plus à exagérer la production des céréales qu'à faire une part raisonnable à celle des plantes fourragères. Dans ce système, les inconvénients d'une gestation trop précoce chez les génisses ne peuvent pas être rachetés ou atténués par une excellente alimentation.

Hâtons-nous de dire toutefois que beaucoup d'exceptions existent de nos jours à ce mode vicieux d'élevage. Considéré dans son ensemble, le bétail s'est évidemment amélioré dans les trente dernières années. Il a gagné en taille et en bonne conformation, et ce changement doit être attribué en très-grande partie à des soins mieux entendus, donnés d'une manière soutenue aux animaux dès les premiers jours de leur existence.

Les encouragements distribués par la Société d'agriculture, depuis dix-huit ans, ont probablement eu leur part d'influence sur cette amélioration. Ses concours annuels organisés par groupes de cantons, et portés successivement jusqu'à vingt-deux, ont eu le mérite d'aller provoquer en quelque sorte à domicile le cultivateur à mieux soigner son jeune bétail. La modicité des primes, malheureusement nécessitée par celle des ressources de la Société, ne pouvait guère avoir d'autre effet que de porter les éleveurs à mettre, par un bon régime, leurs jeunes bêtes en état de paraître avec honneur dans les concours. A ce stimulant elle ajoute celui de transformer en étalons publics, pendant quelques mois après ces concours, les taureaux primés, les plus fortes primes étant réservées pour les mâles.

Indépendamment de ces métissages faits sans but déterminé, et plutôt par insouciance du résultat qu'avec un désir d'amélioration, déjà cités dans cet écrit, il en a été fait quelques autres, à diverses époques, avec des intentions mieux définies; mais on ne peut encore signaler un seul bon résultat obtenu dans cette voie.

On crut, il y a une trentaine d'années, pouvoir modifier utilement notre espèce bovine en la croisant avec une de celles que les voyageurs admirent en traversant les montagnes et les vallées de la Suisse. Plusieurs convois de taureaux et de vaches furent amenés du canton de Fribourg. C'était, comme on voit, à une des plus fortes races que l'on avait eu recours pour opérer, non-seulement par le mélange des sangs, mais encore par l'élevage de la race pure. Chez nous, comme cela se voit assez généralement en France, on est porté à accorder son admiration aux animaux aux grandes proportions. Mais l'expérience faite sur le bœuf fribourgeois a porté avec elle son enseignement : on reconnut bientôt que ce genre de bétail importé à Ambert, comme au pied du puy de Dôme, dans la montagne et dans la plaine, montrait partout les mêmes défauts. Plus difficile à nourrir, moins bon travailleur, moins adroit sur les terrains abruptes que les races indigènes, tassant trop fortement les terres compactes par le seul poids de son corps, en marchant sur le fond des sillons ouverts, sa cause fut définitivement jugée et perdue, lorsque les bouchers eurent pu reconnaître combien ses apparences étaient trompeuses au point de vue de leur intérêt. Aujourd'hui encore, on retrouve quelques traces de ce sang, à la suite de croisements fort anciens déjà sans doute, et ils sont toujours une cause de dépréciation pour les animaux porteurs de ces stigmates. Par ce seul fait peut-être bien des yeux ont été dessillés sur les avantages attribués à une très-grande taille dans le bétail.

Nous ne citerons que pour mémoire, et afin de leur conserver leur date, d'autres essais de croisement avec deux des races perfectionnées de la Grande-Bretagne, celles de Devon et d'Ayr. Importées l'une et l'autre par feu M. le comte de Pennautier, vice-président de la Société d'agriculture, sur sa terre de Domaize, elles devaient servir à des expériences qu'il ne fut pas donné à cet homme de bien de diriger assez longtemps pour les rendre concluantes.

Quelques sujets de la petite race bretonne, mâles et femelles, ont été introduits dans le département, tantôt pour satisfaire une fantaisie, tantôt avec des intentions plus sérieuses. Le résultat de ces dernières ne nous est pas encore connu.

La plaine a depuis longtemps commencé à réduire le nombre de ses bœufs, pour augmenter celui de ses vaches, sur lesquelles pèsent aujourd'hui presque exclusivement tous les labours et transports de produits agricoles. Cette substitution de l'un à l'autre genre de bétail fait chaque jour de nouveaux progrès, provoqués par le fractionnement croissant des exploitations.

Concurremment avec ce fait, il s'en est produit encore un autre fort important, c'est l'obligation où l'on a été d'augmenter aussi le nombre des attelages pour répondre aux exigences d'une culture plus active, plus intensive comme on dit aujourd'hui. Il résulte de là que la plaine nourrit maintenant une plus grande quantité de vaches qu'elle n'en eut jamais.

Chacune d'elles donnant son veau chaque année, à peu d'exceptions près, le nombre des naissances est donc fort considérable : mais celui des élèves est sensiblement moindre. D'abord, on ne conserve qu'infiniment peu de mâles, l'habitude ne s'étant pas encore établie d'élever des bœufs uniquement pour la boucherie. On s'attache davantage à produire des génisses, sans toutefois tenir à ce que leur nombre égale celui des vaches réformées. La montagne n'est-elle pas là tout près pour combler les déficits?

Aussi la majeure partie des veaux des deux sexes est-elle vendue aux bouchers.

Il n'y a pas d'usage constant sur l'âge qu'on laisse atteindre aux veaux avant de les sacrifier ainsi. Est-on pressé d'en toucher le prix ou de jouir du lait de leurs mères, on s'en défait bien avant qu'ils aient accompli leur premier mois, et l'on trouve des bouchers pour les acheter. Le plus ordinairement on les nourrit jusqu'à l'âge de cinq, six et même sept semaines. Leur poids moyen sur pied varie alors de soixante à cent kilogrammes, et leur prix de cinquante à soixante francs par cent kilogrammes, poids vif aussi. Nous parlons ici des prix moyens obtenus d'une manière assez constante depuis quelques années. Ils sont dépassés parfois, dans certains moments de rareté.

Beaucoup de ces veaux sont nourris exclusivement du lait qu'ils tètent ; quelques-uns reçoivent en outre des œufs, des soupes au lait et au pain blanc, ou des boulettes de farine délayée. D'autres méthodes, s'il en existe, sont des exceptions, de même que la spéculation sur l'engraissement de veaux achetés peu après leur naissance.

On conçoit quelles bigarrures sous les rapports de robes, de conformation et de taille, doit présenter le bétail de la région inférieure du département et de la partie nord des montagnes de l'ouest, dans les conditions de reproduction et de recrutement dont nous avons présenté l'exposé. Il serait donc impossible d'assigner des caractères fixes à ce bétail. Ce que l'on peut dire, c'est que l'on en voit de qualités très-diverses, mais en progrès à tous les degrés, comparativement à une époque peu ancienne encore, surtout dans la plaine ; que les vaches et même les bœufs fournissent assez utilement leur carrière de bêtes de trait ; que l'aptitude à une lactation abondante est peu commune, tandis que, au contraire, on trouve parmi ce bétail un très-grand nombre de sujets d'un engraissement facile.

S'il fallait une preuve de cette dernière assertion, nous la trouverions dans un fait se reproduisant invariablement chaque année et depuis fort longtemps. Nous voulons parler des achats très-considérables, de vaches principalement, que les herbagers du Charolais, du Nivernais, du haut Bourbonnais, et même du Cantal, viennent faire à la fin de tous les hivers et au commencement de chaque printemps dans nos foires de la plaine, particulièrement à Clermont, Montferrand, Issoire, Riom, Maringues et Aigueperse.

Il faut déplorer la maladresse du cultivateur de la Limagne, qui, pouvant produire tous les fourrages artificiels et les racines nécessaires pour engraisser au moins la majeure partie de ces animaux, ne sait pas profiter, comme il le devrait, des ressources que cette spéculation lui offrirait pour une abondante production d'excellent fumier, en outre des autres bénéfices qu'elle donne à ceux qui sont habiles à la conduire.

Indépendamment de ces animaux destinés à un engraissement immédiat, beaucoup d'autres prennent pendant toute l'année la route du Forez. Ce sont quelques bœufs et un grand nombre de vaches jeunes ou vieilles, mais toutes arrivées à la dernière période de leur gestation. Nous ne parlons ici que des achats faits aux foires de la plaine (1).

(1) Dans un mémoire écrit en 1856 (voir *Bulletin agricole du Puy-de-Dôme*, année 1856, page 289), M. Jusserand a évalué à 15 ou 20 000 le nombre de têtes de bétail, hors d'âge, sortant annuellement de la Limagne seulement pour prendre ces diverses directions.

*Engraissement.* — En exprimant nos regrets à propos de l'exportation trop considérable, selon nous, de nos bœufs et de nos vaches maigres, nous ne prétendons pas dire que personne chez nous ne s'occupe de l'engraissement du bétail. C'est au contraire une opération qui se fait depuis très-longtemps, mais dans des proportions beaucoup trop restreintes ; la vérité est même que cette industrie est en voie de progression très-marquée dans le pays.

On peut reconnaître plusieurs causes à ce fait intéressant. Ce sont d'abord les idées de progrès agricole, qui, dans une certaine mesure, ont fini par avoir accès chez nos cultivateurs ; en second lieu, il faut citer, avec l'introduction de la carotte à collet vert et de la betterave, de cette dernière surtout, l'accroissement de la consommation locale et des demandes pour l'approvisionnement de quelques grands centres de population, comme Lyon et Saint-Étienne, auxquels nous étions déjà en possession d'envoyer du bétail gras. Il faut citer enfin l'établissement des chemins de fer, qui a créé une nouvelle branche de commerce, en ouvrant en quelque sorte l'accès des marchés de Sceaux et de Poissy à nos bêtes de boucherie, que des spéculateurs y conduisent maintenant.

L'extension de la culture de la betterave est un des bienfaits produits pour notre pays par les fabriques de sucre indigène. Elles ont attiré l'attention des cultivateurs sur cette racine, et, en leur offrant un débouché avantageux pour ce genre de récolte, elles les ont portés à s'y adonner. De là à être entraîné à retenir une certaine quantité de betteraves pour engraisser du bétail, il n'y avait qu'un pas à faire ; beaucoup l'ont fait. Les magnifiques bêtes grasses que la sucrerie de Bourdon envoie aux marchés de Montferrand ont fini de mettre en évidence les mérites de ces racines comme moyen d'engraissement.

Il n'est pas, quoique cela puisse paraître étrange, jusqu'aux altérations éprouvées par la betterave pendant les froids très-vifs des premiers jours de novembre en **1858** qui n'aient contribué à révéler mieux ses mérites sous ce rapport, en la rendant impropre à la fabrication du sucre. Après le refus que l'usine de Bourdon fit de les recevoir en cet état, on essaya de les présenter au bétail, qui s'en montra friand et s'engraissa en les mangeant. Le succès de ces tentatives a démontré à plus d'un cultivateur que la betterave pourrait être une source de profits, alors même que l'on n'en trouverait pas un débouché facile à Bourdon.

Sur les terrains légers, comme il en existe une certaine étendue dans la plaine, elle est suppléée par la rave, qui depuis longtemps y est cultivée et employée, concurremment avec la carotte la ou pomme de terre, à l'engraissement des bœufs et des vaches.

La haute montagne est seule privée de cette ressource. Mais nous avons vu que Dieu lui accorda une ample compensation en créant pour elle à perpétuité des herbages qui se couvrent spontanément de plantes succulentes, et dont une partie est de temps immémorial employée à l'engraissement des vaches.

*Du sel employé à la nourriture du bétail.* — Les pays d'herbages sont les seuls où le sel entre d'une manière méthodique dans le régime alimentaire ou hygiénique des vaches.

Celles qui garnissent les *montagnes* de la région des monts Dores en reçoivent chaque jour quelques grains, en outre d'une dose beaucoup plus forte qui leur est administrée à deux reprises différentes pendant l'estivage. On donne alors à chacune d'elles 750 à 1000 grammes de sel chaque fois.

Le *vacheron* des jasseries des environs d'Ambert est toujours muni d'une provision de sel quand il conduit ses vaches au pâturage et leur en donne une petite quantité chaque jour.

Partout ailleurs, l'emploi du sel n'a rien de régulier et n'est rien moins que général. Le plus ordinairement, on n'y a recours que lorsque le besoin s'en fait sentir pour aiguiser l'appétit du bétail.

*Lait.* — Le lait en nature ne donne lieu à aucun trafic de quelque importance. Les villages aux abords des villes y trouvent à en écouler une certaine quantité; partout ailleurs ce qui est en excédant des besoins du ménage est nécessairement transformé en beurre et en fromage.

*Beurre.* — Le paysan de la plaine, à moins de jouir d'une certaine aisance, ne consomme pas de beurre. L'huile lui suffit pour garnir sa soupe; il peut donc porter au marché tout celui qu'il produit. Fabriqué dans chaque ménage et le plus souvent avec la crème fournie par un très-petit nombre de vaches, si ce n'est par une seule, ce beurre ne peut être alors que d'assez médiocre qualité. Il trouve néanmoins son emploi dans les villes de la province. Les quantités qui excèdent les besoins des petites villes sont achetées par des marchands qui en approvisionnent les plus grandes et en exportent même sur Saint-Etienne.

Voilà ce qui se pratique dans la plupart de nos campagnes.

Mais il en est d'autres où, une population humaine moins dense comparativement au nombre des vaches que l'on y entretient ne pouvant consommer qu'une faible partie du laitage produit, il a fallu recourir à l'un des moyens les plus propres à utiliser celui-ci pour la consommation extérieure ; quelques localités ont été amenées ainsi à le transformer en beurre. Les montagnes en général, à l'exception de celles qui forment le groupe des monts Dores, où la principale spéculation a pour objet le fromage, produisent beaucoup de beurre, qui s'emploie partie à l'approvisionnement de Clermont, Riom, etc., et partie pour l'exportation. Ainsi font la plupart des cantons de la montagne de l'arrondissement de Riom ; celui de Montaigut trouve à écouler une partie de son beurre sur le département de l'Allier.

On en fabrique aussi d'assez grandes quantités dans les *jasseries* de l'arrondissement d'Ambert ; Saint-Etienne en est le principal débouché. Il s'en fait, mais très-peu et de mauvaise qualité, dans les burons des *montagnes* de vaches à lait de la région des monts Dores. Celui-là ne sert qu'à la consommation locale : contrairement à ce qui se passe dans la plaine, les montagnards au lieu d'huile n'emploient dans leur cuisine que du beurre, bon ou mauvais.

Le prix du beurre n'est pas le même partout ; sur les principaux marchés, il arrive grevé de frais de transport dont il faut tenir compte pour celui qui vient de loin. On peut fixer à un franc cinquante centimes le prix moyen du kilogramme de bonne qualité.

Dans quelques localités de la montagne, on sale tout le beurre.

*Fromage* — Le département compte trois principaux centres de production pour le fromage : 1° les hauts pâturages ou *montagnes pour les vaches à lait*, et les domaines auxquels ils sont annexés. C'est là que l'on fait le fromage appelé *fourme* ou *cantal ;*

2° Toute une région immédiatement inférieure à celle-ci où se produit le *Saint-Nectaire ;*

3° Les jasseries de Pierre-sur-Haute, et autres de la même contrée, lieu de fabrication des *fromages de Roche*, dits aussi *fourmes de Roche.*

Nous citons à part ces localités, parce que pour elles faire du fromage est une industrie capitale dont les produits alimentent une exportation assez considérable, principal élément de la richesse des pays d'où ils sortent.

Mais on fait aussi partout ailleurs plus ou moins de fromage, de plus ou moins bonne qualité.

Sur ce point, une mention spéciale doit être aussi accordée à toutes les parties de la région montagneuse non comprises dans les trois groupes déjà cités. Leurs fromages dits de *montagne* occupent une place importante parmi les produits de notre agriculture.

*Fourme* ou *Cantal.*—La fourme se fabrique toute l'année dans les grandes vacheries, mais plus spécialement dans les *montagnes* pendant la saison du pâturage.

Nous avons dit déjà que l'agent préposé à cette fabrication porte le nom de *vacher*. Le très-modeste bâtiment où il manipule le laitage s'appelle *buron* ou *cabane*; de là le nom de *cabanée* donné au produit total d'une saison de *montagne*.

Le buron est quelquefois assez solidement construit, mais il en est bon nombre dont les murs sont remplacés par des clayonnages en bois surmontés de toits couverts de plaques de gazon prises sur le pâturage même. Ce réduit est de soixante centimètres en contre-bas du sol. C'est là que le vacher habite et travaille le lait. Tout le pourtour de l'intérieur est garni de vases ronds en forme de grands seaux qu'on nomme *battes*, pour contenir le petit-lait dont on doit extraire le peu de beurre qu'il contient.

Sur un des côtés du buron, et un peu plus bas encore, on creuse une cave garnie de rayons pour la conservation des fourmes, qu'on y dépose quand elles sont bien sèches.

Pour cailler le lait, le vacher prépare sa presure avec un estomac ou fragment d'estomac de veau, qu'il fait tremper dans de l'eau additionnée de petit-lait très-clair.

Le lait encore chaud de la chaleur de la vache est mélangé avec de la presure dans un vase en terre ou en bois. On obtient par cette opération la *tomme*. C'est ainsi que l'on nomme dans le pays le produit de la coagulation du caséum.

La tomme, séparée du petit-lait, est placée dans un récipient en bois où le vacher la presse aussi fortement que possible pour bien exprimer le petit-lait qui peut s'y trouver encore.

Elle est ensuite mise dans une bacholle (grand vase en bois), couche par couche, sur de la paille, et tenue non loin du feu, afin de l'amener à fermenter, résultat qui s'obtient en deux ou trois jours. La tomme est alors un peu échauffée, gonflée et persillée, et a pris un goût un peu aigrelet. En cet état, elle se nomme *tomme paussée*.

Le vacher la brise avec les mains, l'émiette et la place dans un moule en bois de la dimension que doit avoir le fromage, en ayant soin de saler couche par couche. Le vase plein est soumis pendant deux ou trois jours à une très-forte pression.

Le fromage alors a pris toute sa consistance ; il est sorti du moule et placé dans la cave, où il ne demande d'autres soins que d'être humecté de temps en temps avec un linge imbibé d'eau salée et régulièrement retourné chaque jour, pour obtenir une exacte répartition du sel. Le poids d'une fourme est de douze à vingt-cinq kilogrammes. Sa forme est cylindrique, aussi haute que large.

La qualité et la quantité de la présure et du sel ont une grande influence sur la qualité du fromage. De plus, toute l'intelligence et l'habileté du vacher doivent être mises en œuvre pour bien presser, faire fermenter à point, broyer, presser encore la tomme et donner les soins à la cave.

Un bon vacher est donc un homme précieux ; malheureusement il est rare aussi.

Cette industrie est depuis longtemps stationnaire quant aux quantités de fromages annuellement produites. Il n'en est pas de même du prix ; après avoir été autrefois de quatre-vingts francs les cent kilogrammes, il est monté graduellement jusqu'à cent francs en **1856**, et à cent quatre en 1858 et 1859. A la vérité pendant l'été de ces deux dernières années une sécheresse longue et intense a brûlé les herbages et a amené une diminution dans cette fabrication.

Tout ce fromage, à l'exception de quelques petites fourmes, est consommé loin du lieu où il se produit. Il est acheté en gros, par *cabanée*, par des marchands du pays pour le conduire à Clermont, Lyon, Paris, Moulins, Nevers, etc.

*Fromage de Saint-Nectaire.* — On jugerait mal de l'origine de ce fromage, par le nom qu'il porte. Le village de Saint-Nectaire n'est ni le lieu principal de sa production ni même celui où s'en fait le principal commerce. Il en sort une bien plus grande quantité de diverses autres communes des cantons de Besse et de Latour, et les ventes les plus considérables ont lieu sur le marché de Besse. Beaucoup aussi sont achetés à domicile. Ce trafic est entre les mains de marchands de la contrée qui transportent ces fromages sur divers marchés du département, et aussi dans plusieurs villes du dehors, vers lesquelles nous venons de voir que s'écoulent les fourmes.

Le Saint-Nectaire est vendu par douzaine ou demi-douzaine. Le poids de la douzaine est de six à neuf kilogrammes. Le prix, qui a été longtemps de trois à cinq francs, suivant le poids et la qualité, a fini par atteindre celui de cinq à dix francs, dans ces dernières années, quoique sa fabrication ait eu moins à souffrir que celle des fourmes du mauvais état des pâturages.

On a remarqué depuis douze ou quinze ans un accroissement dans cette fabrication, évalué au tiers de ce qu'elle était autrefois.

On estime à un dixième la quantité consommée dans le pays.

Le fromage de Saint-Nectaire de première qualité peut

être mis au rang des plus délicats : sa pâte est blanche, un peu coulante, quand il a été fabriqué dans de bonnes conditions et qu'il est à point ; sa saveur est douce plutôt que relevée.

Il se fabrique uniquement dans les domaines et jamais dans les *montagnes*. Tout le travail et les détails de manipulation qu'entraînent ses petites dimensions se concilieraient mal avec l'abondance du lait qu'on y recueille journellement.

Voici comment se fait le Saint-Nectaire.

La tomme préparée comme pour la fourme est prise avec une écumoire et déposée dans des moules en bois percés de quelques trous ; elle y est ensuite fortement pressée avec la main, pour prendre de la consistance et abandonner son petit-lait.

Après quelques heures, on tourne le fromage dans son moule, puis on l'en sort pour répandre du sel dessus et le placer dans un endroit aéré afin de le faire sécher.

Généralement, le producteur le vend aussitôt qu'il est sec.

Pour devenir bon il lui faut ensuite quelque temps de séjour dans une cave très-saine, d'une température basse et égale. Comme la fourme, il doit être très-exactement retourné.

Le fromage de Saint-Nectaire a souvent un mauvais goût ; il le tient presque toujours d'une présure trop vieille ou employée en trop grande quantité.

La salaison joue aussi un grand rôle dans le goût de ce fromage ; une juste proportion est indispensable.

*Fromage* ou *Fourme de Roche.* — Les montagnes situées à l'est et au nord-est d'Ambert s'adonnent à la fabrication d'un fromage qui, par la forme, le volume et la saveur, se distingue des deux espèces dont nous venons de nous occuper. Il est connu sous le nom *fromage* ou *fourme de Roche*, d'un goût très-délicat, et donne lieu à une exportation assez considérable. Il se produit principalement dans les *jasseries*.

Nous devons à l'obligeance de M. Gustave Celeyron la description, que nous allons transcrire, de tous les détails de la préparation de ce fromage, qui lui sont bien connus.

Le lait écrémé est mis dans une grande marmite. Lorsqu'il est tiédi, le vacher y met la présure et vide le tout dans la *caillère* (vase cylindrique en bois, dont deux douves plus élevées que les autres maintiennent le couvercle) ; il le remue lentement avec une sorte de grand couteau de bois, et laisse cailler. Il dispose la *fromagère* (petite table ronde, à rebord interrompu à un point pour former gouttière, et supportée par trois pieds dont un plus court), les *formes*, pile du sel et va chercher une *batte*, qu'il place auprès de la caillère. Ces préliminaires terminés, il prend en main un ustensile qui a la forme d'une cuvette, mais muni d'un long manche emboîté au centre de la cavité, d'où il s'élève perpendiculairement. Il le plonge dans la caillère ; le caillé se trouve comprimé par la partie convexe de l'ustensile, le petit-lait déborde dans la cuvette qui se garnit ; l'instrument est retiré, et son contenu est versé dans la batte. Il plonge à nouveau et renouvelle l'opération jusqu'à l'épuisement presque complet du liquide ; reste le caillé.

La forme qui va recevoir le caillé se compose de deux parties distinctes, mais qui vont s'assembler :

1° Un culot en bois d'environ douze à quinze centimètres de diamètre, et creusé à la profondeur de douze à quinze centimètres également ; ce culot est percé de petits trous pour donner issue à ce qui pourrait rester de liquide dans le caillé ;

2° Une feuille de tôle ou de zinc enroulée en forme de cylindre, mais sans soudure, les deux bords se croisant même à leur point de jonction. Ce cylindre s'emboîte dans le culot de bois pour lui faire perpendiculairement continuation ; ainsi emboîtés, ils ont ensemble trente à trente-cinq centimètres d'élévation. Ainsi posés, la partie inférieure du cylindre de tôle est maintenue dans sa forme par le culot ; un cordon entoure la partie supérieure pour empêcher l'écartement quand le vacher opèrera la pression du caillé.

Le caillé est à l'état voulu ; le vacher place une forme sur la fromagère, un vase sous la gouttière, s'arme d'une planche en forme de pelle, mais à manche très-court, va puiser du caillé et le place devant lui sur la fromagère. Il le pétrit, le met petit à petit et le plus régulièrement possible dans la forme, pressant de la main et des doigts chaque partie introduite. Au fur et à mesure que l'ouvrage monte, il y jette quelques pincées de sel. Le petit-lait exprimé par ces diverses pressions sort par les trous ménagés dans le culot de bois et par la solution du cylindre ; il coule au moyen de la gouttière dans le vase qui a été placé sous la fromagère pour le recueillir. Ce petit-lait d'égout, qui contient une certaine dose de sel, est versé ensuite dans les buvées. Le fromage ou *fourme* monté à la hauteur voulue, le vacher saupoudre de sel la partie supérieure ; embrassant ensuite de ses deux mains le cylindre qu'il serre fortement, il le déboîte du culot, le retourne vivement et emboîte de nouveau ; seulement la partie supérieure se trouve maintenant dans le culot. En opérant ce mouvement, il a soin de faire remonter le lien qui doit empêcher l'écartement de la partie supérieure. Il saupoudre encore, opère quelques pressions sur la partie supérieure, jusqu'à ce qu'il juge que les molécules qui composent le fromage sont suffisamment adhérentes, et qu'il y reste peu ou point de petit-lait. Il met alors la forme et son contenu de côté, prend une nouvelle forme, et continue de même jusqu'à épuisement du caillé contenu dans la caillère.

Les fromages restent dans leurs formes dix ou douze heures environ. Pendant cet intervalle, les formes sont déboîtées de temps à autre, et le cylindre retourné de haut en bas; sans cette précaution, la partie qui se trouve dans le culot serait beaucoup plus humide, et la croûte ne se formerait pas. Les fromages sortis de la forme sont couchés dans des sortes de chéneaux en bois de sapin, qui sont fixés le long des pièces de bois qui supportent le plancher à l'étable ou dans l'habitation. Ces chéneaux, comme le culot, sont percés de petits trous. Là les fournies finissent de s'égoutter. Pour qu'elles ne perdent pas leur forme cylindrique, et par crainte qu'elles ne s'affaissent, elles sont souvent visitées, tournées et retournées; il faut aussi que sur tous les points elles prennent croûte également. Elles sont retirées des chéneaux quand cette croûte est à peu près formée, et quand le vacher juge qu'elles peuvent supporter de rester debout. Il les place alors, dans cette position, sur les rayons de la cave. Là encore elles sont visitées et retournées souvent; elles sont sujettes à nombre d'accidents, mais le vacher a des remèdes pour chacun.

Un fromage sortant de la forme pèse environ deux kilogrammes; sec, il ne pèse plus qu'un kilogramme cinq cents grammes.

Dans le courant de l'après-midi, le vacher écrème le lait du matin, et opère de la même manière pour faire le fromage; il caille par conséquent deux fois par jour. Vers fin mai ou premiers jours de juin, on a trois traites; il ne caille néanmoins que deux fois; la traite du matin écrémée est ajoutée à celle de midi qui n'est pas écrémée; et comme il caille aussitôt après la traite, il ne fait pas chauffer le lait; celui-ci se trouve à la chaleur convenable en sortant du pis de la vache, quoique mélangé à celui du matin.

Autrefois l'on écrémait beaucoup moins; l'on ne faisait que du beurre de *batte*, c'est-à-dire du petit-lait; les fromages étaient meilleurs.

Les fourmes sont vendues à des marchands qui en fournissent les entrepôts de Montbrison et de Saint-Étienne. Ils sont vendus au cent ; c'est néanmoins le poids qui fait la base du prix. La moyenne est d'un franc à un franc cinquante centimes le kilogramme.

*Fromage de montagne.* — La quantité de fromage dit de montagne produite chaque année est très-considérable et d'une grande importance pour la consommation locale. On pourrait évaluer aux deux tiers du département la somme totale des localités où il se fait.

Si cette production porte le nom d'une fraction de notre province qui en a jusqu'à présent en quelque sorte le monopole, cela ne tient pas à la qualité des herbages, ni à d'autres causes indépendantes de la volonté de l'homme. Des faits assez nombreux déjà ont démontré qu'en traitant le lait de la plaine par les procédés en usage dans la montagne, ou plutôt avec les mêmes soins, on arrive à des résultats presque identiques.

Le fromage de montagne se confectionne avec du lait écrémé. Il est de forme ronde et aplatie, plus ou moins sec et plus ou moins bon suivant la saison où il a été préparé (à cause de l'influence qu'elle exerce sur la qualité des fourrages), un peu persillé et d'un goût passablement relevé.

Quelques cultivateurs se dispensent de l'emploi de la présure. Le caillé se forme alors avec lenteur, au grand détriment de la qualité du fromage.

Voici pour cette fabrication les procédés suivis dans les cantons de Cunlhat, St-Dier et St-Amant-Roche-Savine, où l'on fait des fromages d'une excellente qualité.

Le lait est caillé aussitôt après que l'on a enlevé la crème ; la présure employée est faite avec un estomac de veau, ou mieux encore avec un mélange d'estomacs de différents veaux. On estime que ce mélange est nécessaire pour donner avec plus de certitude à la présure ses qualités essentielles, qui pourraient lui manquer si l'on n'en employait qu'un seul. Elle doit être faite avec soin et bien tenue.

Le caillé est généralement chauffé; une condition essentielle pour que le fromage soit réussi est de ne pas trop chauffer le lait et de n'y pas mettre trop de présure. Si l'on pèche par excès dans l'un ou l'autre sens, le fromage devient amer, sec et dur, et ne se fait jamais convenablement.

Aussitôt que le lait est caillé, on le met dans une forme en le pressant pour l'égoutter; on le sale et on le laisse sécher pendant vingt-quatre heures.

On prend alors deux de ces fromages faits le même jour, ou à la moindre distance possible; on les brise, on les pétrit bien ensemble, à la main, pour bien en extraire tout le petit-lait; on les sale, et des deux on en fait un seul fromage, que l'on remet dans la forme pour que les diverses parties se coagulent bien ensemble et fassent un tout bien homogène.

Dès que le nouveau fromage est assez solide, on le fait sécher dans une cage ou un panier en bois exposé en plein air dans un endroit chaud, mais en évitant avec soin l'action directe du soleil qui le corromprait.

Quand il est assez sec, que la pelure est suffisamment formée, on le porte à la cave, où il doit être retourné et entretenu avec soin. Vient-il à sécher trop, on le mouille légèrement.

L'habitude peut seule apprendre à diriger convenablement les fromages; c'est une question de soins.

Les fromages ainsi fabriqués ont, lorsqu'ils sont *faits*, la pâte assez fine, un peu grasse et veinée de bleu.

Pour obtenir l'ascension de la crème, on dépose généralement le lait dans des vases plus profonds que larges. Ce procédé n'est pas le meilleur sans doute pour une séparation aussi entière que possible des deux principaux éléments du lait; mais peut-être ceux qui l'emploient trouvent-ils une compensation à la perte qu'ils subissent sur le beurre , dans la meilleure qualité que le peu de crème restée dans le caséum donne à leurs fromages.

Ceux qui ne sont pas nécessaires pour les besoins du ménage du producteur servent à l'approvisionnement des villes voisines.

*Gâperon.* — Le petit-lait , même après avoir été écrémé pour faire le beurre dit de batte , contient encore une certaine quantité de caillé dont on obtient la séparation au moyen d'une forte ébullition. Largement assaisonné de poivre et de sel, ce caillé sert à faire un fromage de haut goût et de qualité très-inférieure, consommé à peu près exclusivement par les gens de la campagne. Ce genre de fabrication n'est possible que pour ceux qui opèrent sur d'assez grandes masses de lait.

Cependant on fait aussi des gâperons avec un petit nombre de vaches, mais alors ce n'est que pour transformer des fromages manqués, qui se corrompraient s'ils n'étaient pas manipulés de nouveau avec une forte addition de sel et de poivre.

*Fromage blanc.* — En outre des fromages qu'on laisse arriver à maturité, il en est consommé chez les cultivateurs une très-grande quantité à l'état frais , appelés *fromages blancs*. Ils forment une partie assez notable de l'alimentation dans les campagnes, qui en fournissent aussi de petites quantités aux villes de leur voisinage.

*Beurrette.* — Les paysannes de la Limagne tirent de la crème un mets d'une très-grande délicatesse quand il est préparé avec tous les soins voulus; on le nomme *beurrette*. Quoique celle-ci ait certaines analogies avec le beurre, nous la mentionnons à la suite des fromages, parce que, comme eux, elle est servie en nature sur les tables , au lieu de trouver son emploi principal dans la cuisine.

Quelques localités excellent d'une manière spéciale dans

ce genre de préparation, et tirent de leur lait ainsi transformé un profit bien plus élevé que de tout autre mode de manipulation.

La beurrette a une saveur qui la rapproche un peu du beurre et semble la différencier du fromage à la crème. Elle ne peut être mangée que parfaitement fraîche. Beaucoup de personnes y ajoutent du sucre en poudre. Elle s'altère assez promptement, mais alors en la battant un peu on la réduit aisément en beurre.

*Petit-lait.* — Les montagnards en consomment une certaine quantité en boisson. C'est un goût que ne partagent guère les habitants de la plaine.

Les uns et les autres utilisent le petit-lait pour la nourriture des vaches et des porcs.

# CHAPITRE XXVII.

## Espèce ovine.

Pour l'espèce ovine, nous ne pouvons citer avec quelque certitude qu'une seule race pure, le *rava*. C'est sur les montagnes qui entourent le puy de Dôme qu'elle se conserve dans toute sa pureté. On la trouve principalement entre Volvic, le lac d'Aydat, Rochefort et Pontgibaud ; de là elle se répand pour former des parcs et des troupeaux d'engraissement sur beaucoup d'autres points. Des marchands de la Haute-Loire en achètent de grandes quantités pour ce département, d'où, après avoir été engraissés, ces moutons sont exportés sur Saint-Etienne, la Provence et le Languedoc.

La *rava* est de petite taille et de large carrure ; il a les jambes courtes, la tête petite, non busquée, tachée de noir, armée chez le mâle de cornes fortes et contournées ; sa laine est très-grossière, très-longue et tombant jusqu'à terre. Cette toison, dont le poids moyen chez le mouton est d'un kilogramme cinq cents grammes, donne au corps de l'animal la forme d'un cube plus haut que large. Le poids des quatre quartiers du mouton gras est de douze à quinze kilogrammes. Le rava est rustique, peu exigeant pour la nourriture, vivant sur de maigres pâturages et même sur la bruyère.

Croisée avec celle du Quercy, cette race s'est modifiée, surtout quant à la taille. C'est dans cet état qu'elle existe dans les cantons de Vic-le-Comte, Champeix, Ardes, Besse et aux environs d'Issoire. Depuis quelque temps, le bélier de l'Aveyron a été préféré à celui du Quercy pour les croisements par les éleveurs du canton d'Ardes. Les mâles de cette dernière race sont, comme leurs femelles, privés de ces énormes cornes que portent les béliers du Quercy.

Sur les confins de la Corrèze, le rava a été croisé aussi avec la race de ce département, qui, entre autres signes caractéristiques, a celui de porter un cercle noir autour des yeux et possède le mérite d'être d'un engraissement facile.

En dehors de la patrie du rava pur, on ne voit guère que des moutons de sang mélangé. Leur taille est petite partout où les pâturages sont maigres, soit par l'effet de la pauvreté du régime auquel on soumet dès leur bas âge ceux qu'on y élève, soit à cause de la préférence donnée par les cultivateurs aux animaux de petite taille, comme plus capables de s'accommoder d'une alimentation à la fois peu abondante et peu substantielle. Il en est ainsi généralement, sauf quelques exceptions, dans les contrées montagneuses et même sur les plateaux argilo-siliceux interposés entre les montagnes et la plaine. Le petit cultivateur de la plaine lui-même forme souvent son troupeau avec des moutons de la moindre taille.

C'est parmi ceux-ci que se trouvent les meilleurs pour la boucherie, et au premier rang, sous ce rapport, on place les petits moutons de Vassivières, dont la chair est d'une délicatesse remarquable. M. H. Lecoq, si versé dans la flore de notre pays, a attribué l'excellente qualité de leur viande à une grande abondance de la *flouve odorante* dans les pâturages de la partie des monts Dores où ils paissent. De cette observation il pourrait sortir un utile enseignement pour les cultivateurs qui tiendraient à créer des pacages dans le but spécial de l'engraissement des moutons.

Le canton d'Ardes n'est pas seul à rechercher le bélier de l'Aveyron pour améliorer ses troupeaux. Dans les domaines des environs de Thiers et des montagnes qui dominent cette ville, c'est à un croisement de même genre que

l'on a recours depuis un assez bon nombre d'années déjà.
Propriétaires et métayers s'accordent parfaitement pour
marcher dans cette voie, et la persistance qu'ils y mettent
porte à croire qu'ils y trouvent leur profit. C'est des foires
d'Issoire, de Brion et de Champeix qu'ils tirent ces béliers et
quelquefois même des bandes de jeunes animaux qu'ils
gardent pendant un certain temps avant de les revendre.

Des expériences tentées sur cette race, sous les auspices
de la Société d'agriculture dans des parties du *Marais* où
la santé du mouton est souvent débile, ont démontré de
quelle bonne constitution elle est douée. Malheureusement
on peut lui reprocher quelques défauts de conformation.
Sa tête, son cou, ses jambes atteignent des proportions en
longueur qui sont tout le contraire de celles qu'on recher-
che chez les animaux destinés à la boucherie. La finesse de
sa laine, qui la distingue aussi de la plupart des autres
moutons du pays, ne fait peut-être pas une suffisante compensation à ces défectuosités.

Le chanfrein busqué, les oreilles longues et pendantes
sont encore des traits distinctifs de cette race, qualifiée
souvent dans le pays de *flamande* ou *flandrine*, quoique
la contrée d'où nous la tirons soit bien distincte et bien
éloignée de celle dont on lui donne le nom.

Des moutons amenés de la Creuse, de l'Allier et du
Berry contribuent encore à augmenter la variété de tailles,
de conformations, d'aptitudes et de lainages que l'on remarque dans notre population ovine.

Une mention spéciale est due ici à une transformation
encore récente du mouton des environs d'Ambert, mais
qui, malgré sa nouveauté, est considérée comme définitivement acquise. Elle est l'œuvre de M. Gustave Celeyron,
un des membres les plus éclairés de notre Société. Voici
dans quel but, dans quelles conditions et avec quels moyens
elle a été entreprise.

Ambert est le centre d'une fabrication de tissus de laine d'une assez grande importance, qui ne trouve pas dans les toisons du pays toutes les qualités dont elle a besoin. Elle en tire une partie de la Lozère ; il devait lui être avantageux de trouver sur place ce qu'elle est obligée d'aller chercher ailleurs. M. Celeyron, fabricant et agriculteur à la fois, a pensé qu'en passant de son pays natal dans celui où il voulait l'introduire, la race de ce département ne serait pas dépaysée en quelque sorte. Il a d'abord introduit dans un troupeau composé de jeunes mâles et de jeunes femelles, choisis parmi les animaux de la localité, de jeunes mâles et de jeunes femelles dont quelques-unes seulement adultes, pris dans la race de la Lozère. Par ce double croisement, il a obtenu des brebis qui lui ont servi à créer, au moyen de leur accouplement avec des béliers purs de la Lozère, une race nouvelle douée des qualités qu'il recherchait, assez rustique pour prospérer dans des pâturages qu'il ne pouvait pas changer, et qu'il n'aurait pas changés peut-être quand bien même il l'aurait pu, parce qu'il voulait donner un exemple dont chacun pût profiter dans un pays où tout propriétaire a, comme lui, pour associé obligé un métayer. Ses nouveaux moutons, qui depuis quelque temps se reproduisent seulement entre eux, ont plus de taille et de poids que les anciens. Ils sont plus recherchés et payés plus cher par les bouchers. La qualité, le poids et la valeur vénale des toisons se sont élevés aussi. Enfin, la nouvelle race conserve tous ses caractères, à ce point que la plus entière homogénéité se maintient dans le troupeau de M. Celeyron. De plus, des béliers accouplés avec des brebis du pays chez des propriétaires du voisinage ont déjà imprimé d'une manière remarquable ces caractères à leur progéniture.

D'autres tentatives d'amélioration par importation de races ou par croisement ont été faites aussi. A ce titre, donnons en passant un souvenir au mérinos, qui parut dans le département à l'époque du premier empire, pour s'y maintenir pendant bien peu de temps. Il n'en est pas resté le moindre vestige, même sur le rava, quoique deux des principales expériences dont il fut l'objet aient eu pour théâtre le pays même où celui-ci a continué de prospérer (1). Quelles ont été les causes de cet insuccès, qui s'est manifesté même dans des localités moins élevées et riches en bons fourrages? Probablement des exigences sous le rapport du régime et des soins, en désaccord avec les habitudes du pays, et la qualité de la viande, trouvée généralement très-inférieure à celle dont on avait l'habitude.

Plus récemment on a entrepris d'autres essais avec des races en possession, de nos jours, de la réputation d'être éminemment aptes à améliorer celles avec lesquelles on les croise ou à s'acclimater aisément. Telles sont les races dishley, south-down et charmoise, qu'un très-petit nombre d'éleveurs ont introduites dans leurs domaines. Ces expériences sont encore trop-récentes pour avoir donné des résultats. La Société d'agriculture vient de s'associer à celles dont le charmoise est l'objet et se propose d'introduire le larzat.

Nous avons dit ailleurs que le nombre des moutons dans le département a subi une diminution très-considérable ; on pourrait même citer quelques communes où cet animal est complétement délaissé. Cette tendance est loin de s'arrêter ; et s'il est vrai qu'elle soit une conséquence directe de la réduction graduelle des jachères et de la progression du morcellement du sol, il faut s'attendre à la voir grandir au contraire. On ne peut cependant s'empêcher de remarquer que les cantons du département où se trouvent les plus beaux moutons ne sont pas de ceux où la jachère subsiste encore et où les petites parcelles sont

(1) Deux troupeaux de mérinos furent importés à Allagnat et à Saint-Genès-Champanelle.

les moins nombreuses. Peut-être faut-il inférer de là que le meilleur moyen d'empêcher la disparition du mouton est de substituer de bonnes races aux chétives partout où, à l'aide d'une suffisante alimentation, il devient possible de baser sur cet animal une spéculation lucrative.

Mais il faudra commencer par le considérer comme un élément essentiel de la prospérité de l'agriculture, et non, ainsi que cela arrive trop souvent, tout au plus comme un moyen d'utiliser quelques herbes qui sans lui seraient perdues. La plupart de nos races sont rustiques et point trop exigeantes. Pacager toute l'année, à l'exception des plus mauvais jours, sur des chaumes ou de pauvres herbages; recevoir comme complément à l'étable, en hiver, de la paille et de la feuillée desséchée provenant de la tonte d'automne de peupliers, ormeaux, aunes, frênes ou chênes, cela peut suffire pour entretenir la vie, mais non pour faciliter l'amélioration de l'espèce.

L'engraissement, pour le plus grand nombre, n'est praticable qu'à partir de la moisson. A cette époque on a la ressource d'un parcours un peu plus étendu sur les champs alors dépouillés de leurs récoltes; mais, dans les habitudes modernes de notre agriculture, les labours suivent de bien près la moisson; les semis de plantes pour fourrages ou engrais verts, dans les lieux où ils sont en usage, prennent presque immédiatement la place des céréales; les jeunes prairies artificielles se montrent à travers les chaumes. Ces circonstances réunies sont autant d'entraves à la vaine pâture. Sous peine de voir les moutons disparaître de la plaine, il faudra bien leur créer des moyens de vivre d'une vie mieux assurée et plus productive. De bonnes races pourront seules payer les frais d'une meilleure alimentation. Déjà quelques cultivateurs intelligents, tant en plaine qu'en montagne, ne craignent pas de s'adonner à l'engraissement du mouton, et ils y réussissent, grâce à la qualité des pâ-

turages, dans certains cas; dans d'autres, par l'emploi si-
multané des fourrages artificiels et des racines; dans tous,
à la faveur de la disposition à prendre la graisse, assez
fréquente chez nos moutons. Aussi, depuis qu'il jouit de
la facilité des transports créée par l'établissement des chemins de fer, le département est au nombre de ceux qui
fournissent des moutons gras pour l'approvisionnement
de Paris.

Le désir de récolter la laine dont ils doivent se vêtir, est
peut-être le principal mobile qui porte encore bien des
cultivateurs à conserver quelques moutons. Mais beaucoup
s'accoutument à trouver tout simple d'acheter ce qu'ils ne
peuvent produire eux-mêmes assez économiquement, et à
faire ainsi pour la laine ou pour les étoffes dont ils s'ha-
billent, quand ils ne trouvent plus d'avantages à s'en procurer autrement.

L'usage s'étant conservé dans beaucoup de communes
de préférer les couleurs naturelles à toutes autres, on voit
dans les troupeaux quelques bêtes noires parmi un plus
grand nombre de blanches; les toisons des unes et des
autres sont destinées à se combiner pour produire la
nuance adoptée.

# CHAPITRE XXVIII.

## Espèce caprine.

Comme partout, la chèvre est ici presque exclusivement l'animal du pauvre et lui tient lieu de vache à lait. A ce titre, elle rend d'incontestables services; mais elle est très-souvent la cause de déprédations que commettent pour la nourrir une foule de gens ayant peu ou point de terre à eux.

La chèvre abonde beaucoup moins dans la Limagne que dans les autres régions. Quelques parties de la montagne en ont assez, dans les domaines, pour produire une certaine quantité de fromages de pur lait de chèvre, qui se vendent aux marchés voisins.

Les chevreaux que l'on ne veut pas élever sont vendus pour la boucherie peu de jours après leur naissance. Leur prix s'est considérablement élevé depuis quelques années. Il est maintenant, en moyenne, de cinq francs, après avoir été longtemps au-dessous de trois francs.

Quelques bouchers abattent des chèvres; la viande en est d'autant moins estimée que ces animaux sont toujours fort peu engraissés.

# CHAPITRE XXIX.

## Espèce porcine.

La race de porcs la plus commune est encore celle qui existe depuis un temps immémorial dans le pays. Elle est de grande taille; ses soies sont blanches et rudes; ses jambes, sa tête, ses oreilles, longues; celles-ci sont en outre larges et tombantes; le corps aussi est long, comprimé latéralement; le dos est voûté. Ce signalement se rapproche beaucoup de celui que la *Maison Rustique du XIX* siècle* donne de la race qu'elle appelle *cochon du Poitou.*

Une autre race très-répandue aussi, c'est celle que l'on tire du Bourbonnais; elle est moins grande que la précédente; son corps est aussi proportionnellement plus court, ainsi que les oreilles. La robe est un autre caractère très-distinctif. Elle est noire en partie et blanche pour le surplus. Le noir occupe toujours la tête, et se partage le reste du corps avec le blanc, par grands espaces.

Beaucoup plus récemment a été importée une troisième race qui, lorsque ses formes primitives n'ont pas été altérées par des croisements multipliés, se rapproche de certaines races anglaises améliorées. Elle n'a pas la tête très-courte de quelques-unes de celles-ci; mais elle l'a moins longue que nos races indigènes. Ses jambes sont courtes et minces, son corps est cylindrique avec l'épine dorsale presque rectiligne. Le fond de la robe est fauve avec de nombreuses taches noires. Ce cochon porte dans le pays le nom de *Siam;* il ressemble beaucoup à la race anglaise du Hampshire. Ses nombreux métis, malgré l'altération assez profonde parfois de leurs formes, sont invariablement appelés *Siams*, pour peu qu'ils conservent quelques traits de ressemblance, avec ceux-ci.

Cette race et celle que nous avons citée en première ligne sont les seules que l'on élève, celle-ci bien plus que l'autre. Quant à celle du Bourbonnais, on se la procure exclusivement par la voie du commerce.

La plaine seule fait de l'élevage, et c'est à peu près uniquement dans les domaines que se trouvent les truies employées à la reproduction. On conduit aux foires les porcelets presque aussitôt après le sevrage, qui a lieu quand ils sont âgés de six semaines. Ceux que l'on destine à l'engraissement ont déjà subi la castration.

La nourriture des jeunes animaux de la race du pays est peu substantielle pendant leur premier âge et même plus tard. Ceux qui s'élèvent à la campagne vont souvent à la vaine pâture ; les mieux partagés sont conduits dans des champs de trèfle dont on leur consacre une petite partie. Quand approche l'époque de la mise à l'engrais, on les prépare au régime qu'il exige par une nourriture plus substantielle que celle qu'ils ont eue jusque-là, et qui ne dépassait guère la ration d'entretien. Ils ont alors de quinze à dix-huit mois. L'engraissement commence encore plus tard lorsqu'on tient à abattre un animal un peu âgé, afin d'avoir une plus grande masse de chair et de lard. Beaucoup de ces animaux ont atteint l'âge de deux ans quand on les tue. Leur poids est alors assez souvent de deux cent cinquante kilogrammes.

Les cochons que nous tirons du Bourbonnais pour les engraisser et même pour les élever d'abord, restent toujours plus petits et moins pesants que ceux de l'autre race.

Les siams se développent plus rapidement que les deux premières races. Dès l'âge d'un an, il leur arrive assez souvent de peser jusqu'à deux cents kilogrammes et plus. Ils sont faciles à nourrir et à maintenir en bon état de chair pendant leur croissance. On leur a longtemps reproché d'avoir une chair trop délicate, un lard trop sujet à se réduire par la cuisson pour convenir au goût ou aux besoins du plus grand nombre des consommateurs. L'opinion a dû se modifier beaucoup sur ce point, car le siam est très-recherché aujourd'hui, même par les gens de la campagne; on a déjà un assez grand nombre de verrats et de truies de cette race. Ces animaux et leurs métis surtout marchent bien; les marchands peuvent donc aisément les conduire partout où on les demande ; aussi en font-ils déjà un commerce assez étendu et vont-ils en chercher au dehors du département pour combler les déficits de l'élevage.

L'engraissement est l'objet de soins très-bien entendus de la part d'une foule de gens qui s'en occupent tant dans les villes qu'à la campagne. Pour beaucoup, il est l'objet d'une petite spéculation. D'autres se contentent d'acheter de jeunes cochons pour les revendre lorsqu'ils ont assez grandi pour leur procurer un bénéfice.

Le mode d'engraissement le plus ordinaire est de faire manger des pommes de terre cuites mêlées à des farines de grains de qualité inférieure ; on y emploie aussi des fèves quand elles ne sont pas à trop haut prix. Dans les localités où le chêne abonde, on y emploie le gland ; dans un bien plus petit nombre, la châtaigne.

Une certaine quantité de cochons gras est achetée pour Saint-Étienne.

Nous avons cité les trois races de porcs les plus répandues dans le département; mais il y en existe quelques autres qni n'y sont encore que très-peu connues. Il y a plus de vingt ans que l'on voyait déjà, dans la ferme annexée au château de Randan, des porcs d'origine anglaise, aux soies blanches et d'un très-remarquable embonpoint. Nous ne saurions dire précisément quelle était leur race. Depuis, diverses personnes ont essayé d'introduire, tantôt des

Hampshires, tantôt des Yorkshires, d'autres des Essex, des New-Leicesters, de Middlessex. Pendant longtemps, ces opérations ont été plus décourageantes que lucratives pour ceux qui les ont tentées.

La Société d'agriculture, à son tour, a voulu faire un essai. En **1859**, elle a acheté à Grignon cinq couples de jeunes porcs de la race croisée Berkshire-Hampshire, qu'elle a répartis dans les cinq arrondissements, en imposant aux personnes qu'elle en gratifiait, l'obligation de lui livrer chacune, sur les futures portées, un couple destiné à recevoir un même placement pour activer la propagation d'une race qui lui a paru appropriée aux besoins du pays. Déjà plusieurs de ces futurs reproducteurs ont été placés.

Le Comice de Maringues a suivi l'exemple de la Société, et a fait venir deux couples de la même race pour une destination semblable.

# CHAPITRE XXX.

## Volailles.

*Poule.* — La poule seule se trouve dans la montagne comme dans la plaine, mais bien plus nombreuse dans cette dernière partie que dans l'autre, où l'on n'en a généralement que pour la consommation locale.

La race ancienne et commune, de taille plutôt moyenne que forte, bonne pondeuse d'ailleurs et de chair assez délicate, est à peu près la seule que l'on connaisse, malgré quelques tentatives d'importation de races réputées meilleures sous un rapport ou sous un autre. Il y a quelques années, la poule dite *russe* avait commencé à se répandre ; c'est maintenant le tour de celle qui est connue sous le nom de *cochinchinoise.*

*Dindon.* — On élève des dindons jusque dans la demi-montagne. Les localités de la plaine où le sol est léger sont celles qui paraissent les plus favorables à ce genre de volailles. Elles en fournissent d'assez grandes quantités aux fermiers de la Limagne, qui en achètent après la moisson pour en achever l'élevage.

*Oies.* — Cette espèce abonde beaucoup plus que la précédente. Les bords de l'Allier, toutes les localités où l'eau ne manque pas, se font remarquer parmi celles qui en élèvent le plus. Un grand nombre de pauvres femmes ont des oies qu'elles font couver. Les oisons exigent plus de soins que de dépenses pour leur nourriture. La majeure partie de celle qu'il leur faut leur est fournie par l'herbe des pâtures communales, des chemins ruraux et des sarclages. Les personnes qui ne peuvent pas les conserver longtemps trouvent déjà un profit à les vendre très-jeunes. Comme pour les dindons, certains fermiers forment des bandes de ces jeunes volailles qu'ils nourrissent de menus grains et de pommes de terre, pour les revendre en hiver, lorsqu'elles sont bonnes à être mangées.

La plume et le duvet dont on dépouille même les jeunes oies pendant l'année de leur naissance est un des principaux mobiles qui portent à en élever beaucoup. Ce produit vaut six francs le kilogramme.

On n'a que la race commune, tantôt toute blanche, tantôt grise, quelquefois blanche et grise. C'est à peine si l'on voit quelques rares sujets de la grande race de Toulouse.

*Canard*. — On n'a aussi qu'une seule race de canards, c'est la commune. L'élevage s'en fait à peu près dans les mêmes conditions que celui de l'oie.

L'engraissement de ces diverses espèces de volailles ne donne lieu à aucune spéculation du genre de celles qui se font dans quelques pays sur les chapons, poulardes et oies.

*Pigeons*. — Rares dans la demi-montagne, les colombiers font complètement défaut au-delà. La plaine, au contraire, en possède d'assez grandes quantités.

Le pigeon de volière ne se trouve guère que dans les villes.

# CHAPITRE XXXI.

## Arbres cultivés pour leurs fruits.

Les fruits sont pour le Puy-de-Dôme un produit d'une assez grande valeur. Non seulement ils suffisent pour la plupart aux besoins de la population des campagnes, dans l'alimentation de laquelle ils occupent une place importante, et à ceux des ouvriers des villes, qui les recherchent aussi beaucoup, mais ils sont encore l'objet d'une exportation assez considérable.

La majeure partie de ces fruits est consommée sur place ou expédiée au dehors à l'état naturel. Une certaine quantité est transformée en conserves chez les paysans, soit pour l'approvisionnement de leurs propres ménages, soit pour être vendus dans les villes voisines.

D'autres fruits encore passent par les officines des confiseurs avant de rentrer dans le commerce tant intérieur qu'extérieur.

On fait aussi du cidre, surtout lorsque les pommes abondent et que le vin est cher; mais rien n'est plus variable que cette destination donnée aux fruits. L'inégalité de la température de nos saisons, du printemps surtout, en produit une très-grande sur ce genre de récolte.

Quoique nous devions laisser en dehors du cadre de ce livre ce qui concerne l'horticulture proprement dite, nous n'aurons pas moins à nous occuper, non seulement des pommiers, poiriers, cerisiers, espèces qui partout franchissent les limites des jardins; du noyer, qui leur est essentiellement étranger, mais encore de l'abricotier, du prunier, du pêcher et de l'amandier.

Nous nous croyons autorisés aussi à ranger parmi les fruits des vergers, ceux qui se récoltent dans les jardins des agriculteurs, parce que, à vrai dire, si les arbres qui portent ces fruits tiennent à l'horticulture par la place qu'ils occupent, ils appartiennent bien plus encore aux vergers par la manière dont on les traite.

*Pommier.* — Au premier rang des terrains consacrés à cet arbre, nous devons placer les magnifiques prés-vergers situés çà et là, surtout au pied de nos montagnes de l'ouest. Longtemps ceux qui existent sur les bords de la route impériale de Riom à Clermont, et de Clermont à Issoire, ont fait l'admiration de l'étranger qui traversait le pays dans les diligences. Ces vergers existent encore, mais ils attirent moins l'attention du voyageur depuis la construction du chemin de fer, qui s'en est éloigné un peu.

Ils sont situés dans le voisinage des ruisseaux qui descendent des montagnes, et soumis à une irrigation favorable aux arbres eux-mêmes. — Leur existence est très-ancienne et s'est maintenue jusqu'à nos jours au moyen de repeuplements successifs.

On croit avoir remarqué que les fruits de ces prés-vergers arrosés sont supérieurs en qualité à ceux que l'on cueille sur des terrains secs de la même contrée.

Nous empruntons à une notice de M. Vimal de Fléchat, notre collègue, sur les prés-vergers de Saint-Amant-Tallende, des renseignements qui donnent une idée exacte de ce genre de culture, de la valeur de ses produits et de leurs débouchés.

« De tout temps, dit M. Vimal, une étendue d'environ
» vingt hectares, parfaitement arrosés par les ruisseaux dits
» de la Veyre et de la Monne, fut cultivée en prés-vergers
» sur le territoire de la commune de Saint-Amand-Tallende.
» Depuis quelques années, toutes les saulées sont arrachées,
» tous les coins susceptibles d'être plantés en pommiers

» sont convertis en vergers ; cette culture semble devoir
» s'accroître autant qu'il sera possible.

» Les pommes provenant de ces vergers sont remarqua-
» bles par leur bon goût ; plus qu'aucunes autres elles ont
» la réputation de se conserver longtemps et de bien sup-
» porter le transport. De tout temps elles étaient recherchées
» par les Thomery qui, chaque année, après la cueillette,
» les embarquaient pour les transporter dans leurs fruitiers,
» et de là, chaque semaine, au fur et à mesure de la ma-
» turité, les portaient par petits paniers chez les fruitiers
» de Paris. Celles qui n'étaient pas vendues à cette époque,
» étaient emportées par voitures en Languedoc, où elles
» arrivaient à la fin de mars ou durant le mois d'avril. De-
» puis plusieurs années, nos pommes avaient aussi pris
» la route de Saint-Etienne et de Lyon ; enfin, depuis
» l'ouverture du chemin de fer, elles prennent la direction
» de la capitale tout aussi bien que celles du levant et
» du midi.

» Elles sont de plus en plus recherchées ; le prix depuis
» trois ans semble s'être élevé de dix jusqu'à dix-huit
» francs le demi-quintal métrique, prises dans les prés
» d'abord après la cueillette. Pour les délivrer, on se ser-
» vait autrefois de la *bachole*, qui plus tard a été remplacée
» par l'hectolitre, et dans ces derniers temps, les mar-
» chands ont été forcés de se servir de la bascule et de re-
» courir au poids, procédé encore plus simple, plus prompt,
» et qui ne laisse pas la moindre matière à des difficultés.

» Nous cultivons seulement la reinette blanche et le ca-
» nada. La première a beaucoup plus de chances de se
» conserver ; elle est réputée guéreter. Le canada est plus
» précoce, rend beaucoup plus, presque chaque année.
» Il est recherché ; et si cela continue, il remplacera la rei-
» nette, d'autant plus que les arbres viennent plus vite et
» donnent plus tôt. Mais il est vrai de dire qu'il avait été

» un temps où les Thomery le refusaient, parce que, di-
» saient-ils, il ne supportait pas le transport.

» Rien de plus variable au reste que le rendement d'un
» verger. Une gelée printanière, un vent chaud suffisent,
» ainsi que le vent froid du nord, pour enlever en totalité
» les plus brillantes espérances. Le brouillard, les pluies,
» la chenille exercent les plus tristes influences. Un verger
» bien planté et rencontrant parfaitement pourrait donner,
» je crois, cent quintaux métriques par hectare.

» La nature du terrain de cette commune n'étant pas
» d'excellente qualité, les pommiers n'ont jamais eu un
» grand développement. Autrefois, chacun supposant que
» plus il aurait d'arbres, plus il aurait de chances d'avoir
» du fruit, on plantait des pommiers dans les vergers par-
» tout où on trouvait une place, sans s'inquiéter d'ali-
» gnement ni de distance. Un pommier n'était pas sitôt
» crevé qu'il était remplacé par un autre, sans autre chance
» de réussite que l'irrigation. Depuis quelques années, tous
» les propriétaires ont changé cet état de choses ; chacun,
» au fur et à mesure de l'extinction des arbres, cherche à
» planter en quinconce ; la distance la plus ordinaire sem-
» ble devoir être de six à sept mètres en tous sens. Les ar-
» bres sont plantés avec un peu plus de soin. On fume
» parfois légèrement les vergers dans l'intérêt des arbres.
» On coupe assez mal le bois mort chaque année. On rem-
» place immédiatement les arbres défunts. Les fruits sont
» cueillis avec beaucoup de soin pour eux-mêmes ; on
» cherche à ménager un peu les boutons pour l'année sui-
» vante ; à cela se réduisent encore le travail et les soins
» donnés aux arbres. Quant aux foin et regain, il va sans
» dire qu'ils ne passent, pour le produit, qu'après les ar-
» bres, dont la durée moyenne peut être considérée de
» trente à trente-six ans. Difficilement trouverait-on des
» pommiers de quatre-vingts ans. »

La région que nous venons d'indiquer et dont les limites s'étendent un peu au nord de Riom et au sud d'Issoire, peut être considérée comme possédant les plus beaux prés-vergers, mais elle n'est pas seule en possession de cette nature de propriété. Il en existe sur d'autres points encore sur les bords de quelques-uns des petits cours d'eau.

De nombreuses plantations de pommiers dans des terrains en culture existent un peu partout, hormis dans les montagnes. On en voit auprès de toutes les villes, de tous les villages et même des habitations isolées. Chaque paysan a au moins quelques-uns de ces arbres dans son jardin.

Des localités de la demi-montagne ont aussi des pommiers, mais les produits y sont encore moins assurés que dans la plaine, et l'on est obligé de choisir pour eux des expositions abritées. C'est dans des conditions de ce genre que l'on trouve cet arbre dans les cantons d'Ambert, Arlanc, Cunlhat, Saint-Dier, Montaigut, Menat, etc.

Les terres-vergers, comme les prés-vergers, fournissent beaucoup de pommes pour l'approvisionnement des montagnes et l'exportation à Paris, Lyon, Saint-Etienne et le Midi.

Les achats pour Paris sont le plus généralement faits par des étrangers, la plupart négociants à Thomery, près Fontainebleau. Pour cette destination, les fruits sont emballés dans des *bennes* et de la paille. Le chemin de fer n'a pas fait abandonner complètement la navigation pour leur transport dans cette direction, soit que cette voie soit moins coûteuse, soit qu'elle assure mieux la conservation des pommes.

*Poirier.* — Le poirier est assez souvent associé au pommier dans les plantations en plein champ, mais il y est comparativement en petit nombre. On ne cultive ainsi que des espèces rustiques et que l'on ne soumet à aucune taille. Ce sont par exemple des mouille-bouche d'été, des madeleines, des messire-jean, etc., etc., et une poire appelée dans le pays *grassette*, fruit de peu de valeur et de saveur, mais que les paysans estiment pour en faire des conserves sèches ; le messire-jean sert au même usage.

*Cerisier.* — On le plante dans les champs ou sur leurs bords et aussi dans les vignes. Ces plantations se composent de bigarreaux, de guignes, de mérises donnant souvent de fort beaux fruits. Sur les coteaux au-dessus de Riom et de Clermont, on voit de petits vergers de cerisiers nains.

Les paysannes font sécher des cerises pour les conserver ; aussi en trouve-t-on sur les marchés des villes.

*Prunier, abricotier, pêcher, amandier.* — Ce n'est pas dans les champs, mais dans les vignes des environs des villes qu'il faut chercher ces arbres, qui y abondent plus qu'il ne conviendrait dans l'intérêt du raisin. Les jardins de la campagne contiennent quelques arbres de ces diverses espèces, des pruniers surtout, que l'on trouve quelquefois jusque dans les haies. Beaucoup de ces pruniers donnent des fruits passablement grossiers, dont on fait des pruneaux ; mais on cultive aussi la prune monsieur et la reine-claude recherchée des confiseurs.

Pour la même destination, on a beaucoup d'abricotiers de l'espèce dite à fruit blanc, préférée aux espèces plus parfumées et plus savoureuses que l'on sert dans leur état naturel sur les tables.

Plus que tout autre fruit récolté hors des jardins, et sur des arbres abandonnés à eux-mêmes, la pêche de vigne est un fruit grossier, comparativement à ceux du même genre cueillis sur des espaliers composés de bonnes espèces et entourés de tous les soins de l'art de l'horticulteur. Il en est de qualités diverses dans leur infériorité même, et parmi elles beaucoup de pavies.

La culture du prunier, de l'abricotier, du pêcher et de

l'amandier s'étend moins loin encore dans les régions élevées que celle des pruniers et poiriers.

*Noyer.* — Le nombre des noyeraies est aujourd'hui fort restreint et diminue en quelque sorte chaque jour. Les noyers, de plus en plus relégués aux bords des champs, n'y sont pas même remplacés toutes les fois qu'il vient à en périr. La valeur de leur bois, jointe au dommage causé par leur voisinage aux récoltes des cultures annuelles, sont les causes de l'espèce de guerre qu'on leur fait.

Le noyer se trouve jusqu'à huit ou neuf cents mètres d'élévation au-dessus du niveau de la mer; mais alors on est obligé de lui choisir de bonnes expositions comme aux environs d'Ambert. Même dans la plaine, la réussite de son fruit n'est jamais bien assurée; les gelées printanières les détruisent souvent ainsi que les très-jeunes bourgeons.

Les noyers tardifs, qui échappent à ce double danger, sont rares.

La principale utilité de la noix est dans l'huile qu'on en retire et qui est fort estimée dans le pays même comme huile comestible. Loin d'en faire assez pour l'exportation, on est parfois obligé d'en tirer du dehors.

*Châtaignier.* — Quelques localités seulement ont des châtaigneraies. Ce sont, à l'ouest, certains points des coteaux formant la base des montagnes, entre Volvic et Ceyrat; à l'est, entre Ris et Courpière, dans des positions analogues. Les châtaigneraies de Montpeiroux et Paslières, de cette dernière région, fournissent quelquefois des fruits pour des expéditions sur Paris; mais le département en reçoit à son tour de quelques départements voisins.

# CHAPITRE XXXII.

## Vignes.

La vigne occupe un long espace s'étendant du nord au sud, depuis la limite du département de l'Allier jusqu'à celle de la Haute-Loire, en traversant les arrondissements de Riom, de Clermont et d'Issoire. Le siége principal de cette culture, dans les cantons d'Aigueperse, Combronde et Riom, est sur la pente des coteaux servant de base à la chaîne des montagnes de l'ouest. A partir de Clermont, et sans cesser de se montrer dans des positions analogues, dans les cantons de Clermont, Saint-Amant-Tallende, Veyre-Monton, Issoire, Saint-Germain-Lembron, et une petite partie de ceux de Champeix, Besse et Ardes, elle s'étend, dans la direction de l'est, sur les cantons de Pont-du-Château, Vertaizon, Billom, Vic-le-Comte, Sauxillanges, et un peu sur celui de Jumeaux.

C'est ce vaste territoire, où la vigne a une très-grande importance, où dans plus d'une commune elle occupe le tiers et même la moitié du sol, que nous avons déjà qualifié de grand vignoble, tant à cause de son étendue que pour les quantités considérables de vin qu'il fournit à l'exportation.

La partie orientale a aussi son vignoble, mais d'une bien moindre importance. Comme l'autre, il touche du côté du nord au département de l'Allier; mais il n'occupe qu'une partie assez restreinte des trois cantons de Châteldon, Thiers et Courpière. Là aussi, ce sont principalement les coteaux situés au pied des montagnes que l'on a consacrés à la vigne. Le sol y est argilo-siliceux plus ou moins compacte. C'est avec le raisin de ce vignoble, sur lequel est située sa propriété, que M. Constant produit au Foulhoux, commune d'Escoutoux, un vin auquel il a donné le nom de mousseux de la Dore. Préparé d'après les procédés de la Champagne, il atteint quelquefois, au dire des connaisseurs, à un degré de perfection qui lui donne les apparences de son modèle. M. Constant a obtenu pour cette fabrication, qui est d'une certaine importance, une médaille de deuxième classe à l'exposition universelle de 1855. Son industrie a trouvé un imitateur dans M. Castel, qui fait aussi des vins mousseux champanisés à la Ronzière près de Champeix.

Entre les deux principaux vignobles, on trouve çà et là, et même dans la Limagne, des espaces très-restreints où s'est installée aussi la vigne, tantôt sur les parties où le terrain présente un relief bien marqué, tantôt, quoique plus rarement, sur des sols en plaine.

Cette invasion de la vigne sur les terroirs bas se remarque même, et surtout, dans le grand vignoble. Dans cette contrée, elle s'était d'abord emparée des proéminences assez nombreuses qui s'élèvent du milieu des plaines, des pentes qui bordent la vallée où coule l'Allier; mais depuis le commencement du siècle, une tendance de plus en plus grande à établir des vignes dans des terrains plats, très-propres aux céréales, quelquefois même au chanvre, s'est montrée. Elle a bien eu ses temps d'arrêt, car il est des époques, où le commerce ne venant pas s'approvisionner en Auvergne, et la consommation locale n'offrant pas un suffisant débouché à des approvisionnements très-considérables, la gêne, la détresse même, règne chez les producteurs de vin. Alors les petits propriétaires se découragent; ils arrachent leurs vignes basses pour cultiver d'autres produits d'une vente plus facile. Mais que le vide se fasse dans les caves, tous ces gens-là redeviennent vignerons. On oublie bien vite que dans les endroits bas les brouillards et les froids tardifs causent souvent de très-graves dommages aux ceps.

Cette recrudescence d'engouement pour la vigne se fait remarquer depuis quelques années : l'exportation a été considérable pour nos vins; les prix se maintiennent à des chiffres très-élevés. Dans certaines communes, toutes les hauteurs étant couvertes de ceps jusqu'au point au-delà duquel il ne serait plus possible de les voir réussir, la vigne menace de chasser les céréales de la plaine pour se substituer à elle. La commune d'Aubière est une de celles où ce fait se manifeste de la manière la plus éclatante ; des cultivateurs ont poussé la hardiesse jusqu'à prendre à bail pour quinze années seulement des terrains nus, afin de planter des vignes qui devront en dix ans donner des récoltes assez abondantes pour les indemniser de tous leurs frais pendant quinze ans, avant de les constituer en bénéfice. Aussi la terre atteint-t-elle des prix de vente fabuleux dans cette commune.

Cette tendance, sans doute, ne prend pas partout des proportions aussi remarquables, mais il n'est peut-être pas une seule partie du grand vignoble où la culture de la vigne ne soit en voie de s'emparer des terrains plats et bas.

Sur les hauteurs, comme dans la plaine, le sol y est généralement argilo-calcaire. Le carbonate de chaux s'y trouve souvent dans une très-forte proportion et donne une couleur blanchâtre à la plupart des monticules dont ce pays est coupé et aux coteaux. Toutefois, la vigne, même dans cette région, ne se montre pas seulement sur les sols de cette nature ; on la voit aussi sur des terrains soit granitiques, soit volcaniques.

Le vin de cette contrée, il faut l'avouer, brille plus par sa couleur foncée et par son abondance que par le bouquet et la finesse. La faute en est peut-être plus à la nature des cépages, à l'âge des vignes qu'on ne laisse pas vieillir et aux modes de manipulation de la vendange, qu'au sol et au climat. Ce qui le prouverait, c'est la bonne qualité des vins récoltés par quelques propriétaires soigneux. M. de Lassalle, de Buffevent, en a donné une preuve éclatante en exposant en 1856 des vins de son cru, obtenus dans le canton de Saint-Germain-Lembron, et qu'en dépit de préventions basées sur le mauvais renom des vins d'Auvergne, le jury international du concours agricole universel jugea dignes d'une médaille d'argent.

Chaque canton a au moins un terroir dont le vin bien traité n'est pas exempt de mérite. Clermont offre avec un certain orgueil son Chanturgue, qui, vieilli dans de bonnes caves, acquiert d'assez remarquables qualités.

Parmi les bons crus pour les vins rouges, on peut citer aussi Châteaugay, Dallet, Saint-Maurice, Monton, le Broc;
Et pour les vins blancs, Corent.

*Cépages.* — Les plus répandus sont le gamais, le gros gamais ou double gamais. Ce sont les deux variétés préférées, surtout dans le grand vignoble, à cause de l'abondance de leur produit. Pour ce motif, le double gamais finirait peut-être par supplanter l'autre, si, dans les terrains bas et souvent atteints par les gelées printanières, auxquelles il se montre plus sensible, ses jeunes pousses n'étaient trop fréquemment détruites. Devant ces deux cépages les anciens tendent à disparaître. Le pineau ou bourguignon, le damas, le chasselas noir, le nérou, ne se trouvent pour ainsi dire plus que dans les vignobles qui fournissent plutôt à la consommation locale qu'à l'exportation pour Paris et aux autres grands centres de population.

Dans l'arrondissement de Thiers et dans quelques autres localités voisines, en sol léger, le lyonnais, qui paraît n'être autre que le petit gamais, est généralement préféré. Le Comice de Riom s'est efforcé de propager la culture du morillon par de nombreuses distributions de barbus de cette espèce estimée, encore peu répandue dans le pays.

*Plantation.*— Les sols peu profonds que l'on veut planter en vignes sont souvent préalablement défoncés à quarante ou cinquante centimètres et même plus. Ce défoncement est tantôt le résultat d'un travail fait immédiatement avant la plantation sur toute l'étendue du terrain, tantôt de celui qui a été précédemment opéré en arrachant une vieille vigne. Quand le sol ne manque pas de profondeur, et notamment dans les parties en plaine, où les céréales pourraient réussir et se sont même montrées très-productives, on se contente d'un labour à la bêche.

Dans les terrains calcaires, une bonne préparation après l'arrachage d'une vigne est celle qui consiste à semer un froment sur lequel on répand au printemps de la graine de sainfoin. Après avoir été occupée pendant trois années par cette prairie, dont on retire trois récoltes de foin, la terre se trouve suffisamment amendée pour assurer la réussite de la vigne. C'est un des cas pour lesquels on s'en tient à un labour à la bêche pour tout travail préparatoire.

La plantation est toujours faite en lignes dont l'espacement est très-variable. Ces différences ne sont pas toujours motivées par la différence des sols et déterminées par des règles bien fixes. Tantôt les ceps sont séparés de leurs voisins par un intervalle d'un mètre dans tous les sens; tantôt cet écartement est encore augmenté par la disposition des plants en échiquier. Dans quelques localités, les intervalles entre les ceps et entre les lignes sont réduits à quatre-vingts centimètres et même à soixante-six centimètres. D'autres fois les distances ne sont pas les mêmes entre les ceps d'une même ligne que celles qui séparent les lignes entre elles. On aura, par exemple, un mètre dix centimètres dans un sens et soixante-dix dans un autre, ou bien un mètre sur quatre-vingt-dix, ou bien encore un mètre

cinq centimètres sur soixante-dix centimètres, quatre-vingt-
dix sur soixante, etc., etc.

Le plus ordinairement, et surtout dans le grand vignoble, le sol est garni en une seule fois de tous les ceps dont
la vigne doit être composée. Le bouturage sur place au
moyen de crossettes, quand on peut s'en procurer un nombre suffisant, ou de simples branches, est le mode le plus
répandu.

Dans cette même région, deux procédés sont employés
pour les mettre en terre. L'un consiste à ouvrir avec une
bêche, et à chaque place que doit occuper un cep, un petit
creux profond de quarante centimètres et large de trente
centimètres environ ; la bouture, longue de près d'un mètre
est couchée dans le fond du trou, de manière à en occuper
toute la largeur et à se redresser le long d'un des bords.
On laisse deux yeux hors de terre.

Dans l'autre mode, on se sert du plantoir. On est obligé
d'y recourir lorsque l'on fait une vigne sur un défrichement de sainfoin, afin d'éviter de ramener les mottes
d'herbe à la surface, ce qui arriverait si l'on ouvrait un
trou avec la bêche ; mais la réussite des boutures est souvent compromise alors par les temps de sécheresse, à moins
qu'on n'ait la précaution de combler les trous ouverts par le
plantoir, et après y avoir placé la branche, avec de la terre
riche et très-divisée. Cette sage précaution se trouve souvent
chez les vignerons soigneux.

Près de Thiers, on plante en lignes très-espacées, les intervalles entre elles étant calculés de manière à pouvoir être
ultérieurement occupés par d'autres lignes régulièrement
distancées et qui seront formées au moyen du provignage.
Les boutures sont mises dans des creux au fond desquels
on dépose une assez bonne quantité de fumier.

Dans la même région la plantation se fait quelquefois
dans des fosses parallèles en laissant entre elles des inter-

valles combinés comme dans le système précédent, pour
être plus tard garnis d'autres rangées de ceps au nombre
de quatre ou six. Assez généralement, on place au fond de
ces fossés un lit de pierres sèches amassées sur le sol ; on
recouvre ces pierres d'un peu de terre et sur cette terre on
couche les boutures, dont on laisse sortir l'extrémité le long
des deux berges, de manière à former deux lignes de
ceps. Sur ces boutures on répand un mince lit de terre,
puis une couche de fumier et on finit de combler avec de
la terre. Les intervalles entre ces fossés sont d'abord utilisés
pour la culture des céréales ou des haricots. Deux ou trois
ans après, on procède au provignage pour créer de nouvelles lignes. Pour cette opération, on ouvre de nouveaux
fossés entre les premiers ; on met à nu une partie de la
racine de chaque cep, après lui avoir laissé deux bonnes
branches assez fortes pour former de nouveaux pieds, et
on le couche de manière à ce que l'une des branches se
trouve sur la place même qu'occupait le cep provigné ; la
seconde va sortir sur l'autre bord du fossé pour aider à
former une nouvelle rangée. On couvre de terre, on fume
et on comble comme la première fois.

Une méthode analogue est employée dans d'autres parties encore du département.

Partout où le sous-sol est humide, on multiplie les fossés
proportionnellement aux besoins, en donnant une forme
bombée à la surface ; quelquefois même on est obligé de
couper ces premiers fossés par d'autres transversaux ; mais
rien de semblable n'est nécessaire dans la région où les vignes occupent des terrains argilo-calcaires. — Le drainage
par les nouvelles méthodes n'a pas encore été appliqué
aux vignes.

Les vignes dans le département sont en pleine production
à leur cinquième ou même sixième année, et les usages
sont très-divers en ce qui concerne l'âge qu'on leur permet

d'atteindre. En thèse générale, on peut dire que les vignerons n'hésitent pas à arracher leurs vignes quand le produit commence à baisser, et sans se préoccuper de ce qu'il pourrait ultérieurement acquérir en qualité. Ceux qui font du vin pour l'approvisionnement de Paris savent bien qu'on le leur achète surtout pour le rôle qu'on lui fait jouer dans les mélanges à cause de sa couleur; l'abondance des récoltes est donc le but principal à atteindre dans de semblables conditions.

Cette durée est de vingt à quarante ans dans le grand vignoble, le plus ordinairement; mais dans ces communes-là même, il en est plusieurs où cette durée se prolonge pendant un nombre d'années beaucoup plus considérable, par exemple jusqu'à cinquante, soixante, soixante et dix, et même, mais plus rarement, jusqu'à quatre-vingts et cent ans, sous la condition d'être entretenues par de fréquentes fumures et des provignages. On croit savoir qu'autrefois et avant l'introduction des cépages qui sont aujourd'hui préférés à cause de leur grande fécondité, la vigne pouvait se maintenir sur un même terrain pendant un nombre d'années plus considérable encore.

Dans les sols légers, on remarque qu'à partir de l'âge de vingt à vingt-cinq ans, le produit des vignes décroît d'une manière plus sensible encore que dans ceux où le calcaire est combiné avec l'argile; de plus grands soins sont alors nécessaires pour prolonger leur durée.

*Taille.* — Dans les arrondissements de Riom, de Clermont et une partie de celui d'Issoire, le système de taille le plus général est celui qui consiste à conserver une branche, arrêtée à une longueur de près d'un mètre, essentiellement destinée à la production du raisin, et une autre taillée à deux ou trois yeux. Au moment de l'échalassement, la première est violemment arquée pour contrarier la circulation de la sève afin de la faire tourner au profit des grappes et de forcer celles-ci à se développer en plus grand nombre. Le rôle de la petite branche est moins de porter fruit que de fournir le bois sur lequel s'asseoiera la taille de l'année suivante. Elle porte pourtant aussi un certain nombre de grappes. Cette taille est dite en arquets. Elle comporte, en outre de la conservation de ces deux branches, celle de quelques jeunes pousses placées dans le bas du cep et que l'on coupe au-dessus du premier nœud.

La partie méridionale de l'arrondissement d'Issoire et presque tout celui de Thiers n'admettent guère que la taille courte sur deux ou trois branches, rarement sur un plus grand nombre.

Cette opération se fait généralement en février, mars et avril. On a essayé de la faire plus tôt et même dès l'automne ; mais cette innovation a eu peu d'imitateurs et plusieurs de ceux-ci ont cru devoir y renoncer.

*Cultures.* — Après la taille, très-rarement plus tôt, la vigne reçoit un premier binage, auquel un plus ou moins grand nombre d'autres succèdent pendant le courant du printemps et de l'été. Le dernier se donne en septembre avant la vendange (1). Cela s'appelle *fossoyer* et se fait avec le hoyau ou feçou, si ce n'est dans la partie orientale du département et quelques autres localités, où cet instrument est remplacé par la pioche.

Quelquefois la première façon se donne avec la bêche. Ce labour est peu profond, mais suffisant pour bien aérer le sol sans endommager les racines des ceps.

Dans les localités où la vigne n'est pas une des principales branches des revenus du propriétaire et du vigneron, trois binages sont jugés suffisants ; dans le grand vignoble,

(1) Dans l'arrondissement d'Issoire, aussitôt après la vendange on déchausse chaque cep jusqu'à 15 centimètres de distance tout autour de sa base. Cette petite cuvette est comblée de terre lors du premier binage de l'année suivante.

par une raison contraire , on se montre moins parcimonieux, et le nombre de ces cultures s'élève parfois jusqu'à six. Aussi les vignes y sont-elles parfaitement nettes d'herbes, et n'ont-elles rien à envier aux jardins même pour la bonne tenue. Les mêmes soins sont apportés aux autres opérations, telles que :

1° L'*émendronage* ou suppression des bourgeons qui percent sur la souche du cep; cela se fait avant la floraison.

2° Le *relèvement*, consistant à réunir en un seul faisceau et par des liens en paille les pousses nouvelles d'un cep, et à les fixer par leur extrémité aux échalas.

3° Le *retroussage*; les grosses pousses trop vigoureuses et dépassant les proportions ordinaires, au lieu d'être raccourcies, sont réunies ensemble, pliées sur elles-mêmes et attachées, les pointes en bas, à l'extrémité de l'échalas le plus élevé.

4° Le *pincement* à deux nœuds des faux-bourgeons nés sur l'arquet.

Ces deux dernières opérations s'éxécutent en septembre.

*Echalassement.* — C'est une coutume commune à tout le département que de soutenir les ceps avec des échalas. Presque partout elle est nécessitée par le développement très-considérable des jeunes rameaux.

Les échalas sont en grande partie le produit de la tonte des saussaies et des saules et peupliers qui bordent les cours d'eau et les fossés ; les branches de l'aune y sont peu employées et considérées comme de qualité très-inférieure. On rend les trois espèces d'échalas plus durables en les débarrassant de leur écorce. Leur longueur est de deux mètres ou deux mètres trente-cinq centimètres.

Depuis une vingtaine d'années, les montagnes se sont mises à apporter leur contingent d'échalas à la plaine, qui leur fournit des chargements en vin pour le retour de leurs voituriers. C'est un nouveau débouché pour leurs bois de pins et de sapins, dont les brins les moins gros sont fendus pour cet usage. Le prix de ces échalas est sensiblement plus élevé, parce que leur durée est beaucoup plus longue.

Les branches d'acacia fournissent aussi de bons échalas, mais on en cueille peu.

Dans les cantons de Châteldon, Thiers et Courpière, on donne la préférence aux échalas de chêne et de châtaignier, obtenus aussi par le moyen de la fente des piles. Celui de chêne est le plus abondant. Leur longueur n'est que de 1$^m$,35.

Les échalas de pin et de sapin y sont employés aussi.

Avec la taille en arquets, il faut deux échalas pour chaque cep. Ecartés l'un de l'autre par le pied, ils se rapprochent par leurs sommets et sont liés ensemble en ce point. Ils offrent ainsi un appui solide à la branche qu'on y attache en formant l'arquet; ils servent aussi à soutenir les bourgeons nés sur les branches de remplacement.

Lorsque les ceps sont plus espacés dans un sens que dans un autre, l'arquet est fait du côté où l'intervalle est le plus large ; et le tracé, au moment de la plantation, a été combiné de manière à ce que les vents dominants aient le moins de prise sur les ceps, qui, ainsi disposés, présentent une assez grande surface quand ils sont chargés de rameaux et de pampres.

Les pays qui pratiquent la taille courte ne mettent qu'un seul échalas à chaque pied de vigne.

Peu de temps après la vendange, tous ces appuis, devenus inutiles, doivent être arrachés pour les préserver de la pourriture dans la partie qui a été fichée en terre. On n'a garde de négliger cette sage précaution dans le grand vignoble, où l'on paraît se rendre mieux compte que dans d'autres localités du département de l'influence que les frais de l'échalassement exercent sur le prix de revient de la récolte. Il est vrai que là il faut deux échalas quand un seul suffit ailleurs. Jusqu'au moment où ils seront remis en place, ils sont assemblés, sur le sol même de la vigne, en grosses masses et portent à terre par le gros bout. Il n'est pas moins nécessaire plus tard, au moment de les employer, de leur faire une nouvelle pointe à cette extrémité. Dans le vignoble de l'est, les échalas de chêne et de châtaignier sont rarement arrachés: on ne le fait que pour rafraîchir la pointe, nécessité d'autant moins fréquente, que ces bois résistent mieux aux causes de pourriture.

*Vendange.* — L'époque en est peu constante. A la suite d'un été sec et chaud, on la voit commencer dès la fin de septembre ; mais des conditions météorologiques toutes différentes apportent un retard d'un mois, et les premières gelées surviennent quelquefois avant que tout le raisin ait pu être apporté dans la cuve.

Pour cette récolte, un grand nombre de bras auxiliaires arrivent de tous côtés, surtout dans le grand vignoble, où l'opération se prolonge assez longtemps pour provoquer des déplacements assez lointains. Indépendamment des hommes, beaucoup de femmes et de jeunes garçons viennent des communes où il y alors peu de travaux, et notamment des montagnes. Le prix de leur journée est très-variable. De quarante centimes il s'élève souvent à deux francs et même à deux francs cinquante centimes du jour au lendemain, si la demande devient abondante ; ce qui ne manque pas d'arriver lorsque l'appréhension d'un temps défavorable ou d'autres circonstances urgentes se présentent.

L'usage des bans pour fixer les jours de vendange dans les divers terroirs d'une même commune existe encore; mais il tend à perdre de ses rigueurs, et plus d'un maire rapporte son arrêté, si des temps contraires, une gelée intempestive, viennent jeter l'alarme parmi ses administrés.

*Vinification.* — Presque partout la vendange est écrasée avant d'être versée dans la cuve ; cette opération se fait avec le pied dans de petits vaisseaux en bois, nommés *bacholles*, pouvant contenir cinquante ou soixante litres de jus, outre la grappe, ou dans de petites cuves servant comme les bacholles au transport du raisin de la vigne au cuvage.

Le traitement de la vendange, depuis ce moment jusqu'à celui où le vin est mis dans les tonneaux, est loin d'être uniforme dans tout le département. Obtenir la couleur la plus foncée est le but le plus ordinaire, celui auquel on sacrifie tout, surtout dans les pays qui produisent pour l'exportation. Pour l'atteindre, dans les arrondissements de Clermont et d'Issoire, non seulement on prolonge le séjour de la vendange dans la cuve jusqu'à ce que toute ébullition ait cessé ; mais encore, lorsqu'elle se ralentit, on la ranime par un nouveau foulage. A cet effet, des hommes entrent dans les cuves, matin et soir, pendant quatre ou cinq jours, et broient la vendange avec leurs pieds, de manière à la diviser parfaitement et à empêcher qu'aucune partie surnage assez longtemps pour aigrir ; quelques personnes obtiennent ce dernier résultat en chargeant la cuve avec des pieds-droits forcés qui obligent le marc à baigner entièrement dans le vin. Lorsque toute fermentation a cessé, on tire le vin par le bas de la cuve à plusieurs reprises et on le rejette sur le marc pour le clarifier par ce mode de filtrage. Il n'est mis dans les tonneaux qu'après être devenu clair.

Le séjour prolongé dans la cuve, jusqu'au moment où tout est refroidi, est aussi fort usité dans les arrondissements de Riom et de Thiers ; mais il n'y est pas compliqué des foulages réitérés.

Nous avons déjà dit implicitement qu'il y a des dérogations à ces méthodes, en citant des localités, et ce ne sont pas les seules, où l'on fait des vins pour lesquels on ne s'expose pas à jeter au vent le bouquet et l'alcool sous le prétexte d'obtenir une boisson plus colorée.

M. Versepuy décrit, dans les termes que nous allons rapporter, deux procédés de vinification qu'il a vu employer aux environs de Riom :

« Quelques-uns, dit-il, ne laissent cuver que trois jours,
» et obtiennent un vin généreux et passablement coloré.
» Cette méthode est peu suivie.

» D'autres tirent en pleine fermentation, et le vin a toutes
» les qualités désirables, couleur et feu.

» L'alcoolisation dans ces deux cas se conçoit très-bien,
» par le court séjour que la rafle fait dans le vin, dans un
» moment où le vin n'a pas encore son complet d'alcool
» qu'il acquiert ensuite dans le tonneau. »

C'est aussi en pratiquant des méthodes tout opposées à celles que nous avons décrites comme le plus généralement suivies, que M. de Lassalle dit avoir obtenu les bons vins qui lui valurent une médaille au concours universel de 1856.

L'usage de faire passer la grappe sous le pressoir après avoir tiré le vin des cuves est général ; mais indépendamment de ce second produit, on en obtient encore un autre, en replaçant le marc dans la cuve et jetant par-dessus une certaine quantité d'eau. La piquette ou *boisson*, ainsi préparée, est très-précieuse pour les manouvriers agricoles, qui, ainsi que nous l'avons déjà dit, en consomment de grandes quantités.

Le vin de pressoir est au vin de premier jet dans le rapport de un à quatre, et le petit vin dans celui de deux ou trois à huit. En dépassant cette dernière proportion, on s'expose à obtenir une piquette qui se décompose au premières chaleurs.

L'Auvergne produit aussi des vins blancs ; mais sans se livrer pour cela à aucune culture spéciale de raisins de cette couleur. La quantité qu'elle en fait n'est pas considérable comparativement à celle du vin rouge, et ne dépasse guère les besoins de la consommation du département, consommation assez restreinte, quoique ce soit un usage très-répandu, parmi les travailleurs des villes, de commencer leurs journées en vidant quelques verres de ce liquide.

De tout temps, quelques propriétaires de vignes ont su rendre leurs vins blancs mousseux ; cette qualité se trouvait notamment dans ceux que produit le coteau de Corent ; mais ces vins n'avaient pas d'autre analogie avec le Champagne. L'industrie importée par M. Constant dans le département, où elle a déjà trouvé un imitateur dans M. Castel, qui opère principalement avec la vendange de ce coteau, tend à démontrer la possibilité de tirer un nouveau parti de nos vignes.

Le vin de paille en est un autre, de peu d'importance il est vrai, mais dont nous ne devons pas nous abstenir de parler ici. Il se fait avec des raisins de choix, portés dans un grenier avec les précautions nécessaires pour ne pas les meurtrir. Là, ils sont étendus sur un lit de paille de seigle. Au mois de décembre suivant, on les passe au pressoir, et le jus est mis dans des tonneaux. On doit le transvaser quinze jours après, puis renouveler cette opération deux ou trois fois, en remettant le vin dans les mêmes tonneaux, après les avoir rincés. Il peut rester plusieurs années en fût ; mis ensuite en bouteilles et placé dans un grenier ou autre endroit très-sec, il devient excellent et ressemble au Madère.

*Exportation des vins.* — Après avoir pourvu aux exigences de la consommation du département, il reste encore dans le vignoble de très-grandes quantités de vin rouge, qui trouvent leur placement dans la Haute-Loire, le Cantal, la Corrèze, la Creuse, l'Allier, la Nièvre et la Loire ; mais ces débouchés ne suffisent pas pour vider nos caves, si, à défaut de Paris, dont les achats ne sont pas très-réguliers, le département de la Loire n'en fait pas de très-considérables pour la nombreuse population ouvrière de son chef-lieu.

L'irrégularité de l'écoulement des vins d'Auvergne vers ces deux grands centres rend la position de nos vignerons un peu précaire. Il arrive parfois des séries d'années, comme de 1847 à 1850, où la vente devient très-difficile, même à des prix très-bas, à cinq centimes le litre par exemple. Mais lorsque le commerce reprend toute son activité pour ce genre de produit, les prix remontent d'ordinaire à un taux qui fait succéder la richesse à la gêne chez les propriétaires de vin qui ont pu attendre le moment favorable en accumulant, contre leur gré, récoltes sur récoltes. Les bons prix qui se maintiennent depuis une dizaine d'années ont répandu plus que de l'aisance dans notre population. Ces prix sont montés quelquefois jusqu'à 50 centimes par litre pris dans la cave du vendeur. Ils sont encore de 30 à 40 centimes en ce moment pour les vins de la dernière récolte.

Celles de nos communes qui fournissent le plus de vin à l'exportation lointaine, et plusieurs y contribuent pour les trois quarts et même pour les neuf dixièmes de leur production, avaient déjà à leur proximité la rivière d'Allier; maintenant, elles sont en outre desservies par le chemin de fer. L'adjonction d'un nouveau moyen de transport constant à un autre qui ne brille pas précisément par cette qualité, assure désormais à notre vignoble la possibilité d'expédier ses vins sur Paris, en quelque saison que viennent à se manifester les demandes de ce grand débouché. Peut-être cet état de choses aura-t-il pour effet de prévenir ou au moins d'atténuer dans une certaine mesure les crises de la nature de celle dont nous venons de parler.

# CHAPITRE XXXIII.

## Bois.

Le Puy-de-Dôme est loin de posséder toutes les richesses forestières qu'il devrait avoir, si toutes les parties de son territoire en montagne, qui, à cause de l'extrême déclivité de leurs pentes, sembleraient avoir été créées pour être éternellement couvertes de bois, avaient reçu ou conservé cette destination.

Dans la seule catégorie des terrains communaux que l'administration a soumis au régime forestier dans cette région, tous choisis parmi ceux que leur nature ou leur position désignait pour être boisés, on compte environ quarante-cinq mille hectares qui sont encore pour le plus grand nombre dans une déplorable nudité.

Sans remonter bien haut dans le passé pour trouver des termes de comparaison avec le présent, nous remarquerons que le département a marché rapidement dans la voie de la destruction de son domaine forestier.

Un rapport du Préfet au Conseil général, en 1843, constate que nous avions encore cent cinquante mille hectares de bois en 1790.

Une note communiquée par l'inspecteur des forêts, en 1860, restreint cette étendue à cinquante-six mille cent soixante-seize hectares, qui se décomposent ainsi :

| | |
|---|---:|
| Forêts de l'État.......................... | 909 hectares |
| Forêts des communes et établissements publics............................... | 11,799 |
| Forêts des particuliers.................. | 43,568 |
| Total........... | 56,276 |

Les deux premiers de ces nombres doivent être considérés comme rigoureux. Le troisième est approximatif; il ne coïncide pas avec celui qu'a donné le cadastre. Mais pour avoir une idée à peu près exacte de ce qui existe aujourd'hui, on a dû tenir compte des modifications apportées à l'état du territoire depuis le dernier classement de ses diverses parties. Or, depuis longtemps, on arrache beaucoup plus d'arbres que l'on n'en plante ou qu'on n'en sème.

Sur l'arrondissement d'Ambert, il existe en forêts de l'Etat............................... 380 hectares

En forêts des communes et établissements publics.................................. 3,289

En forêts appartenant aux particuliers.... 14,619

Total.............. 18,227

Sur l'arrondissement de Clermont :
En forêts de l'État...................... 317 hectares
En forêts des communes et établissements publics............................... 3,813
En forêts appartenant aux particuliers.... 450

Total.............. 4,580

Sur l'arrondissement de Riom :
En forêts de l'État..................... 212 hectares
En forêts des communes et établissements publics................................. 839
En forêts appartenant aux particuliers.... 17,000

Total.............. 18,051

Sur l'arrondissement de Thiers :
En forêts des communes et établissements publics................................. 417 hectares
En forêts appartenant aux particuliers.... 7,000

Total.............. 7,417

Sur l'arrondissement d'Issoire :

En forêts des communes et établissements publics. . . . . . . . . . . . . . . . . . . . . . . . . . . . . . 3.401 hectares

En forêts appartenant à des particuliers. . . 4.500

Total. . . . . . . . . . . . 7.901

Le sapin et le hêtre occupent les plus élevées des parties boisées des montagnes. Le hêtre est l'essence qui résiste le mieux dans les lieux exposés aux froids les plus vifs. Son association au sapin paraît avoir été favorable à ce dernier dans les temps antérieurs. Aussi les forestiers déplorent-ils le discrédit dans lequel il est tombé auprès des habitants du pays. Ceux-ci cherchent à le détruire, au grand détriment du sapin, auprès duquel il avait crû, disent les premiers, en désaccord sur ce point avec les propriétaires, qui considèrent le voisinage de cet arbre comme très-nuisible au sapin et au chêne.

La région moyenne des montagnes a des bois de pin et des taillis de chêne.

Le chêne en taillis, associé à diverses essences de moindre qualité (coudrier, tremble, bouleau, etc.), est l'essence dominante des bois en plaine et sur les coteaux. Les plus belles forêts de chêne sont celles de Randan (de 2.500 hectares), et de la Comté ou de Vic-le-Comte (532 hectares), achetées, lors de la vente des biens des princes de la famille d'Orléans, la première par le duc de Galiera, la seconde par les hospices de Clermont. Ce sont des taillis sous futaie exploités à l'âge de vingt-six ans.

*Sapin.* — Les forêts de sapin de la chaîne du Forez (arrondissements de Thiers et d'Ambert), écoulent leurs bois, en grume ou sous forme de planches ou de soliveaux, partie dans le département de la Loire, soit pour les constructions, soit pour les mines, partie dans le département du Puy-de-Dôme. Une autre quantité assez notable de ce genre de produits est embarquée sur la Dore pour Orléans.

Des scieries mues par des chutes d'eau se sont substituées depuis quelque temps déjà aux bras des hommes pour débiter ces bois. Là, comme sur d'autres points, la scie circulaire a commencé à prendre la place de la scie à mouvement vertical. Cette innovation paraît avoir contribué à rendre plus rapide le dépeuplement des bois, en permettant d'opérer sur des arbres d'un moindre diamètre qu'avec les moyens d'exploitation autrefois employés.

Le sapin sert encore à faire des échalas et des poteaux pour les lignes télégraphiques. Ces manières de l'utiliser, ainsi que le pin, même la première, sont peu anciennes dans le pays, et, loin d'être spéciales à l'arrondissement d'Ambert, elles sont, au contraire, communes à toutes les parties du département où il existe des bois d'essence résineuse. Le sapin, débité en douves, est employé à la fabrication des bacholles, seaux à traire, etc., qui est, pour le paysan montagnard, un moyen très-profitable d'utiliser les mauvais jours de l'hiver.

L'arrondissement d'Ambert a d'autres forêts de sapin d'une assez grande étendue, situées à l'ouest de la Dore, notamment dans le canton de Saint-Germain-l'Herm. Là, plus qu'ailleurs peut-être, les améliorations survenues dans l'état des voies de communication ont exercé une influence considérable sur la manière d'utiliser les arbres annuellement abattus. Autrefois, tout ce qui se transformait en planches, soliveaux et poutres, était scié dans le pays. C'était, pendant la saison de l'émigration des hommes les plus valides, l'occupation de ceux qu'un âge trop ou trop peu avancé retenait au pays. Dans ce but, chaque famille achetait la quantité d'arbres qu'elle pouvait exploiter. Des spéculateurs, disposant de moyens moins restreints, se sont emparés de ce commerce, et ce n'est pas toujours sur place que les planches, les poutres et les soliveaux sont faits. Beaucoup d'arbres sont transportés, après avoir été seulement écorcés, aux scieries mécaniques récemment établies à Clermont ou aux lieux où ils doivent recevoir leur emploi. Ce nouvel état de choses a été profitable aux propriétaires de bois, en rendant les ventes plus faciles et plus productives ; mais il a apporté une grande perturbation dans la position des cultivateurs. Privés par là d'un élément de travail et de gain, ils sont obligés d'aller en plus grand nombre qu'autrefois chercher au loin l'emploi de leurs bras. Ce n'est plus seulement de l'émigration temporaire, mais aussi de l'expatriation qui en résulte.

Les forêts de cette région, qui s'étend jusque dans l'arrondissement d'Issoire, fournissent à l'exportation vers la basse Loire, au moyen de la navigation sur l'Allier et par le chemin de fer.

Elles produisent, en outre, des supports pour les houillères du bassin de Brassac, et, en beaucoup moins grande quantité qu'autrefois, des bois pour la construction des *toues* ou bateaux qui descendent la rivière d'Allier sans la remonter jamais.

Il existe aussi des bois de sapin dans la chaîne des monts Dores. Les produits de leur exploitation sont dirigés en majeure partie sur Clermont. Il en reste un peu dans le pays pour les galeries des mines de houille et de fer de Chavanon et de Messeix. Tous les transports se font par voitures.

L'arrondissement de Riom n'a que très-peu de sapins, qui se trouvent associés au hêtre dans une forêt de l'État située sur les bords abrupts de la Sioule. Les mines de plomb argentifère de Pontgibaud y puisent pour leurs besoins.

*Pin.* — Le pin, si ce n'est dans l'arrondissement d'Ambert, est moins abondant que le sapin ; il se montre jusque sur des points assez rapprochés de la plaine.

La seule espèce dont les bois soient peuplés est le pin sylvestre.

*Hêtre.* — Le hêtre se trouve non-seulement aux mêmes lieux que le sapin, mais encore dans d'autres moins élevés. Son principal usage est pour le chauffage. Il sert cependant encore pour du charronnage, de la boissellerie, pour quelques pièces du harnachement des chevaux, pour la fabrication des pelles, des bêches, des écuelles, des sabots, etc. De très-grandes quantités de sabots sont écoulées sur Lyon et Saint-Etienne; il en va même jusqu'à Marseille.

Depuis quelques années, on fait avec le hêtre, pour les chemins de fer, des traverses que l'on injecte par le procédé Boucherie.

L'exploitation pour ces trois essences forestières se fait, soit en jardinant, soit par éclaircies; on la fait aussi par furetage pour le hêtre. L'administration, qui blâme l'emploi du premier et du troisième de ces modes, donne, dans les bois qui lui sont soumis, l'exemple de la préférence à accorder au second. Quelques propriétaires exploitent leurs pinières à blanc étoc. Le terrain, ainsi dépouillé, produit du grain pendant deux ou trois ans. Abandonné ensuite à lui-même, il se repeuple naturellement de la même essence, ou bien on y répand de la graine.

*Chêne.* — Les taillis de chêne s'étendent jusqu'auprès de la région occupée par les bois de sapin.

*Tan.* — Aux taillis des parties septentrionales de nos deux chaînes de montagnes, on demande non-seulement du bois, mais encore du tan. Pour cet objet, le mode d'exploitation n'est pas le même dans toutes les localités.

Dans les taillis du canton de Saint-Remy (arrondissement de Thiers), l'usage est d'écorcer seulement les plus beaux brins. C'est donc en jardinant que l'on fait cette opération. Elle est renouvelée dans la même coupe environ tous les sept ans. On écorce à deux reprises, à la sève, au bouton et à la feuille.

La tige étant aux trois quarts coupée en terre et abattue, un second ouvrier l'ébranche, un troisième ouvre l'écorce avec la serpe, et, au moyen d'un os pointu et façonné exprès, détache cette écorce ; un quatrième la ramasse et en forme des paquets qu'il lie.

L'hectare produit de douze à quinze mille kilogrammes d'écorce, qui se vend de 90 à 120 francs les mille kilogrammes.

Des battoirs existent dans le pays pour la convertir en tan, qui trouve en partie son emploi chez les tanneurs de Maringues et de Mons. On en vend, en outre, une certaine quantité à Noirétable (Loire).

Les taillis des cantons de Montaigut et de Menat sont aussi exploités pour l'écorce : mais on laisse arriver jusqu'à l'âge de quatorze à dix-huit ans les tiges qui doivent être écorcées. On ne jardine pas. Ce sont encore les tanneurs de Maringues qui, avec ceux de Clermont et de Riom, emploient le tan qui en provient.

L'écorcement se pratique depuis un temps immémorial dans les bois que nous venons de citer. Il n'en est pas de même pour la forêt de Randan. On n'a commencé à y récolter de l'écorce que depuis l'époque où S. A. R. Madame Adélaïde d'Orléans fonda, auprès de cette forêt, dans la commune de Mons, la belle tannerie connue sous le nom d'*Usine Montpensier,* dont l'exploitation se continue encore aujourd'hui.

*Charbon.* — La fabrication du charbon est une spécialité de la montagne. On y emploie le sapin et le hêtre ; celui que l'on fait de ce dernier bois est le plus estimé. Ce produit s'écoule dans le département et un peu dans les départements voisins.

*Brai.* — Ce n'est que très-exceptionnellement que les pins sont soumis au gemmage pour l'extraction de la résine ou brai. Cela se pratique dans les cantons de Viverols et Saint-Anthème, de l'arrondissement d'Ambert.

Le département a encore de précieuses ressources pour ses approvisionnements en bois propres aux divers usages dans ses nombreuses saulées et plantations en bordure.

Les saulées se trouvent dans le voisinage des rivières. Les arbres y sont plantés en rangs parallèles et passablement serrés, conduits sous forme de têtards et soumis à une tonte périodique renouvelée tous les trois ou quatre ans.

Il existe aussi quelques plantations de peupliers faites et traitées d'après le même système.

Tous les petits cours d'eau et la plupart des fossés dans les terrains humides sont bordés d'arbres de ces deux espèces. Les produits de leurs tontes dans ces divers cas sont exploités en échalas et en fagots.

La plaine a conservé quelques haies d'ormeaux, mais chaque année en voit détruire quelques-unes sans qu'on en crée de nouvelles. Elles sont formées de vieilles cépées desquelles partent plusieurs tiges, dont le double office est de former clôture et de fournir par des tontes périodiques des fagots. Leurs feuilles sont utilisées de deux manières : ou bien la tonte se fait avant leur chute, et elles servent à la nourriture des moutons pendant l'hiver, après avoir été convenablement séchées avec ces fagots ; ou bien les jeunes pousses venues après la tonte sont effeuillées à la main, pour en obtenir un fourrage vert que l'on donne aux vaches.

Après les tontes, ces tiges ne conservent aucune espèce de ramification et sont complètement dénudées, si ce n'est au sommet, où parfois on laisse un petit bouquet de branches.

Le recepage donne des arbres assez forts pour le charronnage et faire du bois de corde.

Dans les terrains sablonneux, frais et profonds, l'aune est aussi planté en rangs serrés autour des champs ; il est à de très-courts intervalles de temps coupé au pied, et forme ainsi des souches assez productives, dont le seul tort est de fournir un bois de qualité inférieure pour tous les usages. Cet arbre a d'ailleurs le mérite de n'exercer aucune mauvaise influence sur les récoltes qui croissent près de lui.

D'autres plantations se voient sur les bords des héritages, mais en arbres isolés et plus ou moins espacés. Pour la Limagne, les espèces principales sont le noyer, l'ormeau croissant librement ou soumis à des émondages réguliers, quelques frênes traités de l'une et l'autre manière.

Ces mêmes espèces se trouvent de même sur les terrains siliceux, granitiques ou volcaniques des plateaux ou de la base des montagnes; mais sur les deux premiers le chêne leur dispute énergiquement la place. Il y est traité en têtards appelés coutades, dont la tonte se renouvelle tous les six ou sept ans, ou bien on le laisse croître en liberté, et alors il donne de bon bois de travail.

Le cerisier est quelquefois employé comme arbre de bordure, et, dans les montagnes, l'alizier; le frêne aussi, et il y est bien plus nombreux que dans la plaine.

Le charme et l'érable forment des têtards, souvent dans le voisinage du chêne.

L'abondance de ces plantations en bordure est en raison inverse de la richesse du sol. Dans la Limagne, on en détruit souvent qui ne sont pas toutes remplacées. L'influence de leurs racines et de leur ombrage, qui endommage les récoltes jusqu'à une assez grande distance, les fait de plus en plus proscrire, à mesure que l'on attache plus de prix à ce que celles-ci donnent tout ce qu'elles peuvent rendre, et que les prix de ferme s'élèvent.

Pour être moindre, la tendance à les réduire n'en existe pas moins dans les localités où le sol est moins fertile.

Les haies vives ne laissent pas, surtout là où elles se

maintiennent le mieux, d'apporter leur contingent à nos moyens de chauffage. Evidemment, nous parlons ici des haies que nous appellerions volontiers rustiques, pour les distinguer de celles dont le développement est contenu et la forme régularisée au moyen des ciseaux. Leur produit est d'autant plus considérable qu'elles contiennent plus d'arbustes à rapide accroissement, comme le noisetier, le sureau, le marsault, etc., etc., et des arbres propres à être tondus; l'aubépine, le buisson noir, le fusain, l'églantier, la ronce, etc., en forment la base.

Ces haies disparaissent graduellement de la Limagne.

*Reboisement.* — Le déboisement de nos montagnes, arrivé au point que font assez ressortir les chiffres posés au début de ce chapitre, est un fait trop grave en lui-même et dans ses conséquences pour n'avoir pas attiré depuis longtemps l'attention de la Société d'agriculture. Aussi, dès les premiers moments de son existence, a-t-elle pris à tâche d'offrir des encouragements aux propriétaires qui créeraient des bois. Mais ce moyen de remédier à un mal aussi grand, avec les faibles ressources dont elle disposait, aurait été bien impuissant, et, malgré son bon vouloir, l'état des choses se serait bien plutôt aggravé qu'amélioré, sans le concours qu'elle fut heureuse de trouver dans l'administration d'abord, et bientôt après dans le Conseil général du département.

A l'un des membres de la Société, M. Leclerc, inspecteur des forêts, revient le mérite d'avoir eu la première idée du système de reboisement qui, depuis 1843, a été mis à exécution avec une persévérance à laquelle il faut attribuer une part dans la réussite de l'entreprise. Le plan de M. Leclerc fut d'opérer sur des terrains communaux de la région des montagnes, et spécialement sur ceux dont les surfaces présentaient les pentes les plus fortes. Ces terrains devaient être préalablement soumis au régime forestier ; le concours des communes demandé pour l'exécution des travaux et le surplus des frais fut mis à la charge de la Société d'agriculture.

Il fallait à ce projet l'approbation de l'autorité préfectorale, d'abord pour la soumission de communaux et ensuite pour mettre à la disposition de la Société les fonds qui lui manquaient pour passer de la théorie à l'application. M. Meinadier, préfet à cette époque, la lui donna aussi complète que possible. Le Conseil de préfecture, saisi de l'affaire en ce qui le concernait, plaça ces communaux sous l'autorité et la surveillance des agents forestiers, et le Conseil général, sur la proposition du Préfet, éleva de 4,900 fr. à 10,000 fr. sa subvention annuelle à la Société d'agriculture, qu'il chargeait du soin de diriger cette œuvre si importante.

Pendant sept années, M. Leclerc, avec un zèle et une énergie dont la Société s'est plu à lui témoigner sa gratitude en toute circonstance, notamment en l'appelant à une de ses vice-présidences, puis en lui décernant une médaille d'or, M. Leclerc, disons-nous, a organisé ce nouveau service et montré comment son système de reboisement devait être appliqué. Plus de 600 hectares de bois de nouvelle création existaient déjà en 1849, lorsqu'il fut appelé à l'inspection de Fontainebleau.

Bien des difficultés avaient entravé ses premiers pas. Les populations, se faisant une fausse idée des conséquences du régime sous lequel on venait de faire passer leurs communaux, crurent d'abord à une spoliation. Elles ne supposaient pas que l'on pût se charger de l'administration de leurs biens pour les leur remettre un jour transformés et mis en état de leur donner des produits bien supérieurs à ceux si chétifs qu'elles en obtenaient alors ; elles ne supposaient pas surtout que l'on pût songer à leur rendre un service semblable sans le leur faire payer chèrement. De

là bien des résistances. La fermeté de l'inspecteur des forêts
en triompha.

Aux travaux de la première période a été associé M. Huart
de Lamarre, sous-inspecteur, dont le dévouement au succès
de l'entreprise s'était élevé à la hauteur de celui de son chef
de service. M. Morin y eut aussi sa part, dans les fonctions
de brigadier de reboisement. En cette qualité, il eut pendant
plusieurs années la surveillance des travaux de préparation
des terrains et celle des semis et plantations.

La Société ne laissa pas ces deux agents s'éloigner du
département sans leur donner, comme à leur chef, des
témoignages de sa satisfaction.

Nous croyons pouvoir considérer comme la seconde période du reboisement celle où ce service a passé sous l'autorité de M. Labussière, inspecteur, assisté de M. Colomès,
sous-inspecteur.

Le même bon vouloir pour la réussite de l'œuvre anime
ces fonctionnaires ; aussi a-t-elle continué de se développer
d'une manière non moins satisfaisante que dans la période
antérieure.

Le passé a apporté au temps présent son tribut de lu-
mières. L'épreuve de l'utilité des pépinières créées à
proximité des terrains à planter ayant donné de bons résultats au double point de vue de l'économie et de facilité
de la reprise, ce moyen de se procurer des plants a reçu
de l'extension. On a appris aussi à réduire les frais de
culture et de semis ou de plantation.

Au mode suivi dans les premiers temps et consistant à
reboiser un peu partout, tant pour disséminer les bienfaits
de l'œuvre et le bon exemple, que pour mettre à profit le
bon vouloir ou même la simple tolérance de certaines populations disposées à laisser faire, on en a substitué un
autre qui paraît avoir aussi ses avantages. Les travaux se font
principalement dans les montagnes de l'arrondissement

de Clermont. Il en résulte que la garde des jeunes bois est mieux assurée par le fait même de la concentration du service. M. l'Inspecteur estime aussi que l'exemple des bénéfices réalisés au profit des communes propriétaires des terrains nouvellement boisés, a pour effet de mettre fin à toute prévention fâcheuse dans les communes voisines, et de les amener bien souvent à venir d'elles-mêmes demander la plantation de leurs terrains soumis.

Déjà en effet on a pu voir que rien n'est plus éloigné d'une spoliation que ce que la Société d'agriculture, avec la coopération de l'administration forestière, fait pour boiser certains communaux. Tantôt des ventes de produits ou la location de la chasse ont amené quelques fonds dans les caisses municipales, tantôt des délivrances en nature ont eu lieu au profit des ayant-droit. Si des craintes ont pu exister sur la possibilité de rentrer en possession du pâturage, momentanément interdit pendant les années qui suivent les semis et plantations, elles ont dû tomber dans les localités où, les jeunes bois étant devenus défensables, on a pu autoriser le retour du bétail sur les terrains qu'ils occupent.

Pour les pentes des coteaux voisins de la plaine, on a généralement donné la préférence au chêne. L'acacia a été cependant choisi pour un boisement opéré dans la commune de Veyre. Pour les montagnes, on a adopté, suivant les hauteurs, les expositions et la nature du sol, le pin, l'épicéa, le mélèze, le sapin ou le hêtre.

Depuis seize ans, le sol forestier du département a reçu ainsi un notable accroissement par les opérations de la Société d'agriculture.

« Le reboisement, a dit M. l'Inspecteur des forêts Labus-
» sière dans un récent mémoire sur ce sujet, s'étend
» aujourd'hui sur une surface de deux mille hectares en-
» viron. Les communes au profit desquelles il a été entre-

» pris n'ont participé en rien aux frais nécessaires. Sur
» certains points seulement, on a fourni quelques journées
» qui n'ont pas été d'un grand secours, parce que souvent
» les habitants travaillaient avec répugnance, et dans tous
» les cas n'apportaient pas les soins sans lesquels la
» réussite est impossible. La Société d'agriculture a donc
» à peu près tout payé.

» Les frais ont beaucoup diminué depuis quelques an-
» nées. Les ouvriers sont plus expérimentés; la quantité
» de graine employée a été un peu réduite; l'épicéa a été
» mêlé au pin là où il pouvait réussir, et enfin de vastes
» pépinières établies dans de bonnes conditions ont produit
» des plants à bon marché.

» L'organisation du travail est des plus simples. Un bri-
» gadier du reboisement seconde chaque chef de canton-
» nement dans sa division. Les gardes des environs sont
» réunis sur le point où l'on travaille; ils surveillent et
» dirigent les ouvriers. Une légère gratification, qui ne
» représente guère pour eux que les frais de déplacement,
» excite leur bonne volonté. Ils aiment ces jeunes bois
» qu'ils ont vu semer ou planter, et ce sont toujours les
» parties les mieux surveillées de leur triage. La tâche est
» facile du reste, car dans ces deux mille hectares on ne
» rapporte pas un seul procès-verbal par an. »

Pour tous ces travaux, la Société d'agriculture avait déjà
dépensé avant la campagne actuelle cent vingt mille francs.
La division de ce chiffre par celui des hectares boisés ne
donnerait pas le prix des premiers travaux pour l'établissement d'un hectare de bois dans les conditions où l'on a
opéré. Les intempéries de tout genre contrarient assez souvent le développement des jeunes arbres et obligent à des
repeuplements sur des étendues plus ou moins considérables.

En entreprenant de reboiser quelques parties de montagnes, la Société s'est proposé un double but : 1º amoindrir pour les générations futures les privations que leur préparent les réductions qu'a déjà subies et que subira encore le sol forestier ancien ; 2º commencer une lutte avec les faits naturels qui exercent sur le régime des cours d'eau des influences souvent désastreuses.

Sur ce dernier point, elle n'a pas cru avec quelques personnes que les forêts soient impuissantes à atténuer les causes des inondations. Incompétente pour résoudre la question par l'appréciation du véritable rôle des bois dans la formation des orages, il lui a suffi de savoir que cette question était tranchée dans un sens affirmatif par des autorités respectables. Mais ce qui lui a paru hors de doute, c'est le *ralentissement* que les forêts apportent à la descente des eaux des hautes régions dans les vallées.

Après avoir observé maintes fois la promptitude avec laquelle les eaux se précipitent des montagnes dans la plaine à la suite des orages, l'importance du tribut qu'elles apportent alors aux débordements des rivières et la durée assez courte de ceux-ci, lorsque les pluies ou les fontes de neige qui les produisent se prolongent peu elles-mêmes, il lui fut facile de reconnaître que l'effet de tout ce qui tendrait à ralentir la marche de l'eau sur les pentes serait de diminuer l'intensité des crues des rivières de tout ce qui n'arriverait à elles qu'après l'écoulement de celle qu'aurait fournie leur voisinage plus immédiat.

Or, comment ne pas admettre que les surfaces si considérables que présentent les feuilles et les branches innombrables, ainsi que les tiges des arbres des forêts, n'apportent pas un retard marqué à l'arrivée de l'eau de pluie de la nuée d'où elle s'échappe jusqu'au sol? Comment ne pas reconnaître une propriété analogue au gazon ou aux hautes herbes qui croissent sous le couvert des forêts? Comment ne pas admettre encore que le sol desséché par les suçoirs de tant de racines qui le sillonnent ne fera pas l'office d'une immense éponge avide d'humidité ? On prétend que la terre en culture est bien plus propre à jouer ce rôle d'absorption ; mais on ne considère pas assez qu'après la saturation qui se produit promptement chez elle lorsque sa couche est peu épaisse, comme cela arrive souvent sur les pentes des montagnes, elle se délaie bientôt et se laisse entraîner dans les lits des ruisseaux et rivières, où elle prend une partie de la place qui devrait être réservée pour les eaux, et concourt ainsi elle-même aux débordements.

Telles sont les considérations qui ont porté la Société d'agriculture à penser qu'elle ferait une œuvre utile en cherchant, dans la mesure de ses forces, à réparer une partie du dommage causé par d'imprudentes destructions de forêts et à entraîner, par la puissance de l'exemple, des propriétaires à entrer dans la même voie.

Cette entreprise, qu'elle voudra continuer sans doute aussi longtemps qu'elle en conservera les moyens, car elle y attache un grand prix, lui a valu de précieuses approbations. Une médaille de première classe à l'exposition universelle de 1855, une médaille d'or grand module au concours agricole universel en 1856 lui ont été décernées pour ses travaux de reboisement. Dans ces deux circonstances, les fonctionnaires de l'ordre forestier, qui l'ont si puissamment secondée, n'étaient pas moins bien récompensés.

Dans un rapport récent de S. Exc. le Ministre des finances à S. M. l'Empereur, les reboisements effectués dans le Puy-de-Dôme sont cités comme un exemple du succès qu'il est possible d'obtenir par des moyens analogues à ceux que l'on y a employés.

La Société d'agriculture se plaît à témoigner ici sa gratitude à l'égard de tous les préfets qui, depuis 1843, ont administré le département pour l'appui qu'ils lui ont donné, et au Conseil général qui a constamment mis à sa disposition les fonds nécessaires à l'accomplissement de sa tâche.

Quelques propriétaires ont fait sur leurs terrains des travaux de boisement que la Société facilite et encourage ; elle cède au prix de revient des graines et des plants achetés au dehors , ou à bas prix des plants extraits de ses propres semis et vendus au profit des communes qui les fournissent. Nous sommes sans données exactes sur l'étendue des surfaces ainsi boisées nouvellement.

# CHAPITRE XXXIV.

## De quelques industries qui transforment des produits de la culture.

*Meunerie*. — Il fut un temps où un assez grand nombre de moulins travaillaient pour l'approvisionnement des départements voisins. Lyon et Saint-Etienne étaient les principaux débouchés de nos farines. Plus récemment, un changement s'est opéré sur ce point ; ce sont des blés en nature que l'on a demandés à notre commerce pour ces deux villes.

La meunerie serait réduite à peu près à satisfaire aux seuls besoins de la consommation du département, si une industrie très-importante, dont nous traitons dans l'article suivant, ne lui donnait une assez grande activité.

Il existe bien encore dans les campagnes des moulins d'une construction grossière et imparfaite, uniquement employés à la mouture du grain pour la préparation du pain bis ; mais on en compte ailleurs un bon nombre où l'on a introduit les appareils et procédés de la minoterie perfectionnée.

*Semoules et Pâtes d'Auvergne*. — La transformation des blés durs et glacés en pâtes alimentaires donne lieu à deux opérations principales excutées quelquefois par un même industriel, mais faisant le plus souvent l'objet de deux spéculations distinctes ; elles ont pour but, l'une d'extraire la semoule du grain, et l'autre de fabriquer les pâtes (vermicelles, macaronis, lasagnes, noudles, etc.), qui furent longtemps connues sous les seuls noms de pâtes de Gênes ou d'Italie. De nos jours, l'Auvergne est venue à son tour imposer les siens à des produits de même espèce ; et , après avoir été réservé injustement par le commerce aux pâtes de qualité inférieure de toute origine, alors même que nos industriels savaient déjà fabriquer très-bien , le nom de *pâte d'Auvergne*, protégé par la justice des jurys des grandes expositions internationales de Londres et de Paris, s'est vu enfin admis pour désigner des produits de qualité supérieure à celle de leurs rivaux.

Cette supériorité était déjà tellement évidente, en 1852 , aux yeux du plus éminent de nos fabricants, M. Magnin, qu'il demandait alors que toute facilité d'importation fût accordée en France aux pâtes d'Italie , pourvu que la réciprocité existât dans ce dernier pays en faveur des pâtes d'Auvergne.

Les premiers essais de ce genre de fabrication dans le Puy-de-Dôme paraissent avoir été faits à Clermont, vers 1819 , par un Italien nommé Amadéo. En 1825 , on n'y comptait encore que deux petites usines et trois ou quatre semouleurs. Aujourd'hui, cette industrie, qui a toujours son foyer principal à Clermont, mais qui s'est établie aussi sur quelques autres localités du voisinage, et notamment à Riom , opère annuellement sur une quantité de blé très-considérable , évaluée déjà en 1855 à quatre cent mille hectolitres , dont la valeur moyenne, calculée seulement sur le pied de dix-sept francs par hectolitre , s'élève à près de sept millions de francs. Si l'on remarque que l'hectolitre de blé glacé éprouvait autrefois une dépréciation de deux francs comparativement à celui qui ne l'était pas, et qu'à présent les semouleurs paient les belles qualités de blés glacés deux et même trois francs de plus que l'autre , au contraire, on reconnaîtra que notre agriculture bénéficie par ce seul fait d'une plus-value de seize cent mille à deux millions de francs par an.

A quelles causes faut-il attribuer les développements si

condidérables que ce genre de fabrication a pris dans l'espace d'une vingtaine d'années? A la nature de nos blés et
aux recherches aussi heureuses qu'habilement dirigées de
M. Magnin, pour triompher de certaines difficultés de manipulation qui longtemps empêchèrent de profiter de toutes
les bonnes qualités de ces froments.

Dans un très-remarquable rapport présenté à la Société
d'agriculture au nom d'une commission, M. Dumay a émis
sur ces deux points des appréciations que nous allons re-
produire.

» Notre blé rouge glacé, dit-il, est par sa nature dur,
» rustique, revêche et très-coriace. Il ne ressemble en rien
» aux blés durs des autres pays, notamment des départe-
» ments méridionaux de la France, et aux beaux blés
» d'Italie, de Sicile, de Crimée et du Maroc, qui ne doivent
» leur dureté qu'à un effet de chaleur, et dont la maturité
» parfaite, accomplie sous l'influence de l'action d'une lu-
» mière plus vive, d'un soleil plus ardent, leur donne une
» supériorité incontestable de pureté, de blancheur, d'in-
» tégrité et de beauté, à laquelle nous ne saurions prétendre
» pour le blé dont il s'agit.

» Mais si, sous tous ces rapports, nos blés rouges glacés
» sont inférieurs à ceux que nous venons de citer, et doi-
» vent reconnaître leur prééminence, en revanche il n'est
» pas moins vrai qu'ils recèlent en eux des qualités pré-
» cieuses, incontestables, qui leur sont propres, qui n'ap-
» partiennent qu'à eux, qui en font un blé prédestiné pour
» la fabrication des pâtes, supérieur et préférable à tous
» autres dans cet emploi, dans cet arome, dans cette saveur
» délicate et agréable au goût, qui distinguent particuliè-
» rement les pâtes et vermicelles faits avec les semoules
» qu'ils fournissent, les font rechercher de plus en plus par
» la consommation, et préférer, à raison de leur excellence,
» aux meilleurs et aux plus beaux produits de l'Italie.

» Les conditions de cette industrie, sous le double rap-
» port de la matière première et du climat, sont loin d'être
» les mêmes chez nous qu'en Italie. Son beau ciel et son
» beau blé nous manquent à la fois, la composition élé-
» mentaire de nos blés rouges glacés diffère notablement
» de celle des blés de Naples et de Sicile. Aussi riches en
» gluten, ils contiennent beaucoup plus de matières mu-
» cilagineuses, albumineuses et gommo-sucrées, tous
» principes nutritifs, mais dont la présence, compliquant
» singulièrement la manipulation de leurs pâtes, rendait
» indispensables des modifications nombreuses aux procé-
» dés suivis partout ailleurs.

» De plus, l'état atmosphérique, les variations de tem-
» pérature, si fréquentes dans notre contrée, l'électricité
» des orages, toutes circonstances invisibles, fugitives,
» enveloppées de mystère, qu'il est difficile de saisir et de
» maîtriser, et dont l'influence cependant joue un si grand
» rôle dans cette manutention, toutes ces circonstances,
» disons-nous, opposaient la difficulté de leurs problèmes
» à résoudre, pour en conjurer les principaux effets, par
» l'adoption de nouveaux modes mieux appropriés pour la
» dessiccation, la distribution de la chaleur et des courants
» d'air isolés ou combinés ensemble, suivant l'état de la
» température ambiante et les besoins de la fabrication.

» Contre tant de difficultés réunies que pouvaient les
» devanciers de M. Magnin? Elles avaient passé inaperçues
» à leurs yeux; pour les vaincre, il fallait les distinguer;
» ils n'en avaient pas même soupçonné l'existence....

» M. Magnin n'a reculé devant aucun sacrifice; études,
» recherches, essais, voyages en Allemagne et en Italie,
» rien ne lui a coûté. Les manutentions diverses du travail
» des pâtes reçurent bientôt de lui tous les perfection-
» nements que comportent la nature de nos blés et les
» vicissitudes atmosphériques inhérentes à notre climat.

» Les plus heureux succès couronnèrent ses efforts, et
» sa fabrication se signala par de tels progrès que déjà
» en 1834 (1), à l'exposition générale des produits de l'in-
» dustrie française, ses pâtes occupèrent le premier rang
» et lui méritèrent la plus haute récompense décernée à
» cette branche d'industrie, une médaille de bronze. Depuis
» lors, les expositions générales qui ont eu lieu en 1839,
» 1844 et 1849 n'ont été pour M. Magnin qu'une suite non
» interrompue de triomphes, où ses produits ont toujours
» été reconnus et proclamés supérieurs à tous autres, et
» où les premières médailles ne leur ont jamais failli. »

De plus remarquables succès attendaient cet industriel à
l'exposition universelle de Londres (en 1851), d'où il rap-
porta une médaille de prix, c'est-à-dire la plus haute distinction que pût obtenir ce genre de produits.

Enfin le jury mixte international de l'exposition universelle de 1855, à Paris, donna la dernière consécration à la
supériorité de ses produits. Une médaille de deuxième
classe fut attribuée aux « très-beaux blés durs avec lesquels
» M. Magnin est parvenu à faire des pâtes supérieures
» aux célèbres pâtes Italie et aux macaronis de Gragnano,
» et a ainsi créé une industrie qui a pris un développe-
» ment très-considérable et qui emploie plus de quatre
» cent mille hectolitres de froment. » (Rapport de la troisième classe, page 169.)

Dans le rapport de la trente et unième classe (page 1413),
nous trouvons encore les passsages suivants : « L'Auvergne
» doit à M. Magnin l'accroissement de prospérité agricole
» et industrielle que lui assure le développement de la fa-
» brication des pâtes ; la France lui doit d'avoir élevé
» cette fabrication au plus haut degré de perfectionnement
» qu'elle ait atteint nulle part.

(1) La fabrique de M. Magnin n'avait été fondée qu'en 1830.

» De nombreuses récompenses ont honoré les travaux de
» M. Magnin; aujourd'hui, il se présente comme produc-
» teur de blés durs, comme fabricant de pâtes, comme
» inventeur de procédés et de perfectionnements mécani-
» ques; ses macaronis et autres produits réunissent toutes
» les conditions de bonne qualité et de bon marché; tous
» ces titres le placent hors ligne dans son industrie. Le jury
» de l'économie domestique est heureux de rencontrer un
» exposant qui justifie comme M. Magnin une haute dis-
» tinction, et lui décerne la médaille d'honneur. »

Enfin, à la suite de cette exposition, par décret du 14 novembre 1855, M. Magnin a été fait chevalier de la Légion
d'honneur, *pour le développement qu'il a donné à l'industrie des pâtes dites d'Italie.*

Nous avons dû entrer dans ce long exposé de la situation de notre fabrique de semoules et de pâtes, d'abord
pour payer un tribut de reconnaissance mérité à l'industriel qui, en la portant à un très-haut degré de perfection,
a si considérablement augmenté la valeur d'un de nos principaux produits agricoles; nous l'avons dû encore pour
rappeler des faits qui sont à eux seuls une énergique rec-
tification des tromperies de certains commerçants qui longtemps ont voulu tirer profit de la supériorité de nos pâtes,
tout en leur attribuant une fausse origine et dénigrant la
vraie.

Si nous avions la preuve matérielle d'un fait dont se
plaignent nos semouleurs quand ils affirment que beaucoup
de leurs semoules sont achetées par des fabricants de pâtes, hors du département, qui présentent ensuite au public
leurs produits comme fabriqués uniquement avec des blés
tirés de l'étranger ou de l'Algérie, nous joindrions ici notre
voix à celle de nos industriels pour protester contre une
semblable manœuvre.

Quoi qu'il en soit, nos semouleurs assurent qu'ils font

des envois considérables de semoules sur divers points de la France et notamment à Saint-Étienne et à Lyon. Sont-elles alors consommées en nature? Cela est peu probable. Ou bien vont-elles, comme matière première, alimenter une industrie rivale de la nôtre? Dans ce dernier cas nous n'aurions à nous plaindre que si leur origine était dissimulée par ceux qui les emploient.

Cette exportation est évaluée à environ la moitié de leur production, soit huit mille à huit mille cinq cents tonnes par année; l'autre portion est transformée sur place, moitié à peu près en macaroni, le reste en vermicelle, sauf un petit prélèvement sur le tout pour la préparation de certains autres produits de formes très-variées (étoiles, croissants, graines de melon, etc., etc.), mais de même nature.

Les *pâtes d'Auvergne* trouvent leur écoulement non seulement en France, mais encore en Angleterre, en Belgique et même en Russie.

Les farines, résidus de la fabrication des semoules, sont en partie consommées dans le pays, en partie exportées dans les départements situés au sud du nôtre, et jusque dans l'Ardèche et la Lozère.

Le nombre des fabricants de pâtes est de beaucoup inférieur à celui des semouleurs proprement dits. Sur un nombre total de quatre-vingts chefs d'établissement, qui, à un titre ou à l'autre, exercent leur industrie à Clermont et à Montferrand seuls, on en compte soixante-huit ne faisant que de la semoule et seize qui fabriquent des pâtes.

Si à ce nombre de quatre-vingts on ajoute les industriels du même genre répartis sur d'autres points, on doit arriver à un chiffre total supérieur à cent.

*Féculerie.* — Malgré une assez abondante production de pommes de terre et la parfaite convenance du sol pour cette plante, la féculerie n'a jamais pris une grande extension dans le département. Le nombre des usines de ce genre est encore fort restreint.

Les environs d'Ambert en comptent cinq. Les besoins de leur fabrication ont été la cause directe de la mise en culture de terrains de cette région laissés depuis longtemps en friche. Nouvelle preuve de l'heureuse influence qu'exercent sur l'agriculture les industries qui se fondent dans les campagnes pour en transformer les produits.

*Brasserie.* — La bière ne peut pas s'élever au rang d'objet de première nécessité dans les pays où la vigne se cultive sur une grande échelle. Le nombre de nos brasseries est donc très-restreint, n'ayant à pourvoir qu'à une consommation de fantaisie.

Elles trouvent sur place toute l'orge qu'elles emploient et dont elles rendent les résidus à l'agriculture.

Pour le houblon, elles sont obligées de s'approvisionner au dehors.

*Sucrerie.* — Si l'on tient compte des premières tentatives faites pour la fabrication du sucre de betterave, on peut dire que le département du Puy-de-Dôme est un de ceux où cette industrie existe depuis le plus longtemps. Il en sera peut-être encore de même en prenant les choses à un point de vue moins absolu.

La première sucrerie que nous ayons eue fut établie vers 1811, à Beyssat, près de Maringues, par M. Cellier de Starnor. Comme toutes celles de la même époque, elle eut une durée très-éphémère ; elle ne put pas survivre à l'ordre de choses qui en avait occasionné la création.

Quelques années après, une nouvelle usine, qui eut plus de succès et de durée, fut fondée à Epinay, commune de Saint-Beauzire, par M. Hugaly-Despradeaux. Celle-ci se maintint jusqu'au jour où toute protection ayant été retirée à la sucrerie indigène, mise désormais sur un pied d'égalité avec celle des colonies, sous le rapport de l'impôt, par la loi du 2 juillet 1843, M. Despradeaux trouva trop dures les conditions nouvelles faites à son industrie, et crut devoir fermer son établissement.

Le nombre des fabriques de sucre indigène s'était élevé à onze (1), toutes situées sur divers points de la Limagne, à l'exception d'une seule, qui avait été installée à Mauzun.

De toutes ces usines, une seule, celle de Bourdon, a résisté au régime que leur créa la loi de 1843. Cette loi amena la liquidation immédiate des autres fabriques, dont plusieurs étaient orgnisées en sociétés; quelques-unes de celles-ci venaient à peine d'être fondées.

Loin de se dissoudre, la société de Bourdon organisa son entreprise dans des proportions colossales. Elle devint successivement fermière de nombreux domaines choisis généralement parmi les plus fertiles, placés dans la Limagne et jusque dans l'arrondissement de Gannat (Allier). L'étendue des terres qu'elle cultive est d'environ deux mille hectares, divisés en vingt-quatre fermes. Les bâtiments et cours de l'usine principale occupent à eux seuls une dizaine d'hectares.

A la part directe qu'elle prend à l'exploitation agricole de notre sol, il faut, pour avoir une idée exacte de son influence à ce point de vue, ajouter cette autre part qu'elle y a aussi indirectement par le concours très-considérable qu'elle demande aux cultivateurs voisins de ses divers établissements pour compléter ses approvisionnements en betteraves.

Nous donnerons une idée de l'importance de sa fabrication en disant que la quantité des betteraves sur lesquelles elle a opéré dans la dernière campagne n'est pas moindre de soixante-dix millions de kilogrammes, dont soixante millions provenant de ses propres cultures.

Pendant un temps, Bourdon a réduit toutes ses betteraves en cossettes desséchées. Il avait pour cela établi sur

_______

(1) Epinay, Targnat, Montauban (arrondissement de Riom); Bourdon, Palport, Crouelle, Pont-Charoux, Lavort, Mauzun (arrondissement de Clermont); Gresins et Beaulieu (arrondissement d'Issoire).

divers points des tourailles où étaient conduites de ses fermes voisines de celles-ci toutes les betteraves récoltées, ainsi que celles achetées dans chacune des sept régions entre lesquelles ces fermes sont réparties.

Ce mode de préparation permettait de continuer la fabrication pendant toute l'année ; mais il a été reconnu, après expérience, entaché du grave défaut de laisser, accumulée dans la seule usine centrale, une masse énorme de résidus, très-peu propres d'ailleurs à nourrir le bétail et créant un véritable embarras. Depuis peu on est revenu à l'emploi de la rape et de la presse, donnant des pulpes d'une grande richesse pour l'engraissement des bœufs ; celles de la campagne de 1859-1860 ont servi à engraisser douze cents têtes de gros bétail, dont le plus grand nombre a été conduit aux marchés de Sceaux et de Poissy.

Depuis ce changement de système, plusieurs tourailles ont été supprimées pour faire place à des fabriques de sucre. Leurs pulpes sont distribuées sur les fermes de leur voisinage et vendues pour une partie aux cultivateurs.

Les produits de la dernière campagne ont été :

| | |
|---|---|
| Sucre raffiné..................... | 3,500,000 kilogr. |
| Mélasse........................ | 2,000,000 |
| Potasse brute ou salin de mélasse. | 250,000 |
| Ecume de défécation............. | 2,000,000 |
| Pulpe.......................... | 12,000,000 |
| Alcool de mélasse.............. | 6,000 hectol. |

La société de Bourdon produit aussi d'énormes quantités de grain dans ses vingt-quatre fermes. Elle évalue le rendement moyen de ses froments à quarante hectolitres par hectare, qu'elle doit non seulement à l'excellence de ses terres, mais aussi à une culture bien faite et à d'abondantes fumures, dans lesquelles le guano est entré pour une forte part.

*Distillerie.* — A l'époque où le prix de l'alcool était monté à un taux très-élevé et où le sucre donnait de bien moindres bénéfices, l'usine de Bourdon fut momentanément convertie en une immense distillerie. Des circonstances différentes ont dû la ramener à sa première destination.

*Confiserie.* — Ce n'est pas seulement parce qu'elle peut offrir un débouché à d'assez notables quantités de sucre indigène que la confiserie a droit à une mention dans ce chapitre, c'est surtout à cause de la provenance de la majeure partie de ses matières premières. En effet, une bonne part des fruits sur lesquels elle opère lui est fournie par nos champs, nos vergers et nos vignes. De ce nombre sont les noix vertes, les cerises, les abricots, les prunes, les pêches, les pommes, les poires, etc. Les jardins donnent aussi leur contingent pour quelques-uns de ces fruits et pour les groseilles, les framboises, les fraises, etc. Certaines espèces que notre climat ne peut produire sont tirées du dehors. On demande aussi à l'importation même les espèces indigènes dans les années où les intempéries en ont considérablement réduit la production. Nos confiseurs assurent que l'emploi de ces fruits de provenances étrangères, quand ils sont obligés d'y recourir, les expose toujours à recevoir des plaintes de leurs correspondants, motivées sur la moins bonne qualité de leurs produits ; d'où ils sont portés à conclure que les fruits du pays ont des propriétés qui manquent à ceux de même espèce qu'ils tirent du midi de la France dans les années de déficit pour les premiers.

Telle est aussi l'opinion exprimée par M. le comte Martha-Beker, dans son rapport sur les objets envoyés à l'exposition universelle de 1855. « Nos fruits, dit-il, l'empor-
» tent en parfum et en saveur sur ceux du Midi, qui
» cependant mûrissent aux rayons d'un soleil plus chaud ;
» et ces qualités, qui tiennent à des causes inconnues,

» sans doute à des influences volcaniques, rendent inimi-
» tables les produits qui en résultent. On a reconnu que
» les abricotiers qui croissent sur les wackes et sur les ba-
» saltes donnent des fruits bien supérieurs à ceux qui, à
» peu de distance, plongent leurs racines dans le terrain
» calcaire. »

Cette branche d'industrie est fort ancienne à Clermont
et à Riom : la réputation de ses pâtes d'abricot, de ses fruits
confits, etc., est, depuis très-longtemps aussi, très-bien
établie, non-seulement en France, mais encore à l'é-
tranger.

Mais aucune époque ne la vit donner autant d'extension à
sa fabrication que de nos jours. Elle en est arrivée à appeler
la vapeur à son aide pour accélérer ses opérations, et pourtant elle emploie des bras plus nombreux que jamais. Aujourd'hui, comme toujours, l'époque où les fruits sont à
point pour ses besoins est celle où il lui faut des ouvriers
en plus grand nombre ; toutefois, par de nouvelles combinaisons et par les débouchés plus considérables qu'elle a
su se créer, elle s'est mise en position d'en occuper beaucoup toute l'année.

La masse des fruits indigènes de diverses espèces sur lesquels opèrent annuellement les seuls confiseurs de Clermont est évaluée en poids à six millions de kilogrammes.

Leur valeur totale, en sortant des mains de ces industriels, peut être portée à deux millions deux cent cinquante
mille francs.

Dans cette somme, les pâtes et confitures d'abricots de
toute sorte peuvent être comptées pour.....  **1,000,000 f.**

Les pâtes et marmelades de pommes,
prunes, coins, poires et fruits broyés,
pour................................  **250,000**

*A reporter*..........  **1,250,000**

| | |
|---|---|
| *Report* . . . . . . . . | 1,250,000 f. |

Les fruits confits, prunes, noix et amandes vertes, etc., etc., pour. . . . . . . . . . . . . . . . . 350,000

Les angéliques, pour. . . . . . . . . . . . . . . 100,000

Les confitures de cerises sèches et liquides, pour. . . . . . . . . . . . . . . . . . . . . . . . . . 300,000

Les gelées de fruits de toute sorte pour. . . 100,000

Les compotes et confections alimentaires de tous fruits de qualités secondaires, pour. 150,000

Total pour Clermont seul. . . .    2,250,000 f.

Une trentaine d'autres confiseurs, répartis sur tout le département, sont considérés, comme fabriquant ces divers préparations, pour une somme de. . . . . . . . . . . . . . . . . 300,000

Total pour le département. . . . . .    2,550,080 f.

Les noix et les cerises sont des produits des champs ; les vergers fournissent la majeure partie des pommes et des poires ; les vignes des coteaux, presque tous les abricots, les pêches.

L'angélique est cultivée par nos maraîchers.

Cette industrie approvisionne sans intermédiaire l'Angleterre, la Belgique, l'Allemagne, l'Amérique.

*Magnanerie.* — La production de la soie eut ses jours de prospérité en Auvergne ; mais ces temps sont déjà loin de notre époque ; ils ont fini avec le dernier siècle.

Quelques mûriers ont survécu et servi parfois à de nouvelles tentatives de petites éducations de vers à soie.

Un moment on put croire que cette industrie allait renaître. Une tendance dans ce sens commença de se manifester vers 1841, et la Société d'agriculture se montra disposée à la seconder. On se mit de nouveau à planter des mûriers sur divers points du département. La plus consi-

— 284 —

dérale de ces plantations peut-être fut celle d'Artonne, auprès de laquelle une magnanerie importante fut installée, qui n'eut qu'une existence de peu d'années.

Aujourd'hui nous ne trouvons à citer qu'un seul éleveur de vers à soie. C'est avec intention que nous évitons de dire un producteur de soie, car le but principal de ses éducations est de faire de la graine [1].

M. Mavel, médecin à Ambert, a plus de profit depuis qu'il a donné cette direction à ses travaux que lorsqu'il se livrait à la sériciculture proprement dite, et il trouve avec la plus grande facilité le placement des œufs qu'il produit dans les pays producteurs de soie, où leur bonne qualité les fait rechercher.

A quoi peut tenir la difficulté que la sériciculture éprouve à s'asseoir d'une manière définitive dans le pays, malgré quelques succès obtenus? Avant 1789, les mûriers, plantés surtout dans les parcs de la noblesse, avaient alimenté des éducations de vers à soie assez importantes pour avoir provoqué l'établissement à Clermont de dix-huit métiers à tisser les bas.

Quelques personnes accusent de l'abandon presque complet de la magnanerie les froids tardifs de nos printemps, qui détruisent parfois les premiers bourgeons des mûriers; mais les noyers, la vigne ne sont pas exempts des mêmes atteintes, qui trop souvent réduisent considérablement les récoltes en huile et en vin, quand elles ne les détruisent pas entièrement, sans faire pour cela renoncer à ces deux cultures.

On accuse en outre la fréquence des orages pendant nos étés et les changements de température trop brusques, même en cette saison. Notre climat se serait-il donc gravement

<hr>

[1] Depuis que cela a été écrit, nous avons appris que M. Bouchard, à Saint-Amant et Tallende, continue avec succès de se livrer à la production de la soie.

M. Bouchard ne fait que de petites éducations.

altéré depuis les temps où la chenille du bombyx du mûrier s'en accommodait? Un de nos collègues, M. Gonod, qui connaît aussi bien le climat du Bugey que celui de la Limagne et leurs analogies, et qui voit la sériciculture persister dans cette partie du département de l'Ain, n'admet pas la validité de ce reproche. La réussite des opérations de M. Mavel semble donner raison à son jugement.

Une certaine insuffisance, sous le rapport de l'expérience, chez les personnes qui se sont livrées à ces tentatives dont nous avons le regret de rappeler l'insuccès, et surtout chez leurs agents; des éducations entreprises trop en grand quelquefois pour n'avoir pas compliqué les difficultés inhérentes à ce genre d'opérations, et dont on triomphe mieux dans de petites chambrées, n'ont-elles pas, autant et plus que des causes naturelles, produit ces résultats? S'il en était ainsi, il ne faudrait pas considérer le département du Puy-de-Dôme comme déshérité à jamais de la possibilité de devenir producteur de soie. Les insuccès mêmes du passé pourront contribuer à préparer les réussites de l'avenir, si toutefois la sériciculture est appelée à sortir triomphante de la crise désastreuse qu'elle traverse en ce moment dans les pays où elle est le mieux naturalisée.

# CONCLUSION.

Après avoir exposé la situation de l'agriculture du Puy-de-Dôme; après avoir dit quels sont ses moyens d'action, ses procédés, la nature et les débouchés de ses produits, les industries qui, dans le pays même, s'emparent de quelques-uns d'entre eux pour en augmenter la valeur en les transformant, si nous recherchons les caractères essentiels de cette agriculture, nous serons obligés de reconnaître qu'ils ne la classent pas parmi celles qui sont entrées le plus résolument dans la voie du progrès.

Sa science est presque toute de pratique, de tradition et basée sur l'observation de faits purement locaux.

Qu'on ne l'interroge pas sur les noms et les proportions des éléments de la terre qu'elle exploite, des engrais qu'elle emploie, des fourrages dont elle nourrit son bétail; qu'on ne lui demande pas quels services peuvent lui avoir rendus l'histoire naturelle, la physique, la chimie. Elle s'en est peu préoccupée.

Rarement aussi elle a appelé à son aide la mécanique progressive pour améliorer ses instruments et ses machines.

L'instruction lui fait trop généralement défaut.

Le capital en numéraire est peu abondant entre ses mains, et, quand il s'y trouve, il en sort bien plutôt pour des achats de terre que pour des améliorations agricoles ou pour développer ses moyens de production. C'est là sans contredit un de ses plus regrettables travers.

L'absence d'instruction et l'insuffisance du capital, n'étant pas exclusivement de son fait, atténuent jusqu'à un certain degré les torts que l'on pourrait se croire autorisé à lui reprocher. Mais cette agriculture, réellement arriérée sur quelques points, a aussi, considérée dans son ensemble, des droits à n'être pas jugée avec trop de rigueur.

Sans doute elle ne fait pas un assez grand usage de la prairie artificielle, tant elle se laisse emporter par son culte pour les céréales. Mais, depuis longtemps déjà, elle n'en est plus à méconnaître sa valeur. Si elle est parcimonieuse quand il faudrait et qu'elle pourrait faire quelques avances à la terre, elle se montre du moins prodigue de ses bras et de ses sueurs. Sous ce rapport, les petits cultivateurs surtout accomplissent des merveilles.

Elle est très-réservée à l'égard des bruits qui lui arrivent des découvertes de la science ; elle se montre bien plus rebelle que docile à ses conseils. Mais que cela se traduise sous ses yeux en résultats incontestables et concluants, un jour vient où elle finit bien par se rendre à l'évidence.

N'en a-t-il pas été ainsi du plâtrage des prairies artificielles, de la culture de la betterave pour la vente aux sucreries et pour fourrage, de celle de lupin et autres engrais verts, de la substitution de certaines espèces de blés à d'autres moins productives, de quelques améliorations apportées aux diverses espèces d'animaux domestiques, de l'adoption de plusieurs instruments perfectionnés, etc., etc.?

Les débuts heureux du chaulage et du marnage ne promettent-ils pas de fournir bientôt un nouveau chapitre important à l'histoire de nos progrès agricoles?

Sur un autre point encore l'agriculture du Puy-de-Dôme a droit à demander qu'on s'abstienne de la traiter trop sévèrement pour des imperfections qu'elle ne saurait nier.

Ne s'est-elle pas dès longtemps constituée de manière à pourvoir à tous les besoins de premier ordre de la nombreuse population au milieu de laquelle elle s'exerce, et n'a-t-elle pas suivi, dans les développements de sa production, les accroissements de cette même population?

Non-seulement pour ce qui lui est indispensable, le département peut s'en remettre à elle, mais il en reçoit aussi bon nombre de produits de l'ordre de ceux qu'une civilisation raffinée a fini par nous rendre nécessaires.

Parmi ceux qu'elle fournit en quantités peut-être insuffisantes, il en est, comme la laine, le chanvre, pour lesquels son passé témoigne de ce dont son avenir serait capable, si ses services, sous ces rapports, devenaient plus nécessaires et si on les lui demandait.

Ce serait déjà beaucoup qu'avec ses 795 836 hectares de terrain, dont une grande partie dans de mauvaises conditions de fertilité naturelle, elle pût suffire largement aux consommations essentielles d'une population de 591 501 âmes. Mais elle fait mieux encore ; elle a des excédants considérables pour l'exportation, en France et à l'Etranger, en grains, farines, pâtes alimentaires, vins, fruits au naturel ou confits, sucre, bétail de travail et de boucherie, bois, etc., etc.

Une agriculture qui accomplit ainsi sa tâche n'est pas sans mérites.

# TABLE

DES

## CHAPITRES CONTENUS DANS CE VOLUME.

Clermont-Ferrand, imprimerie typographique de Paul Hubler.

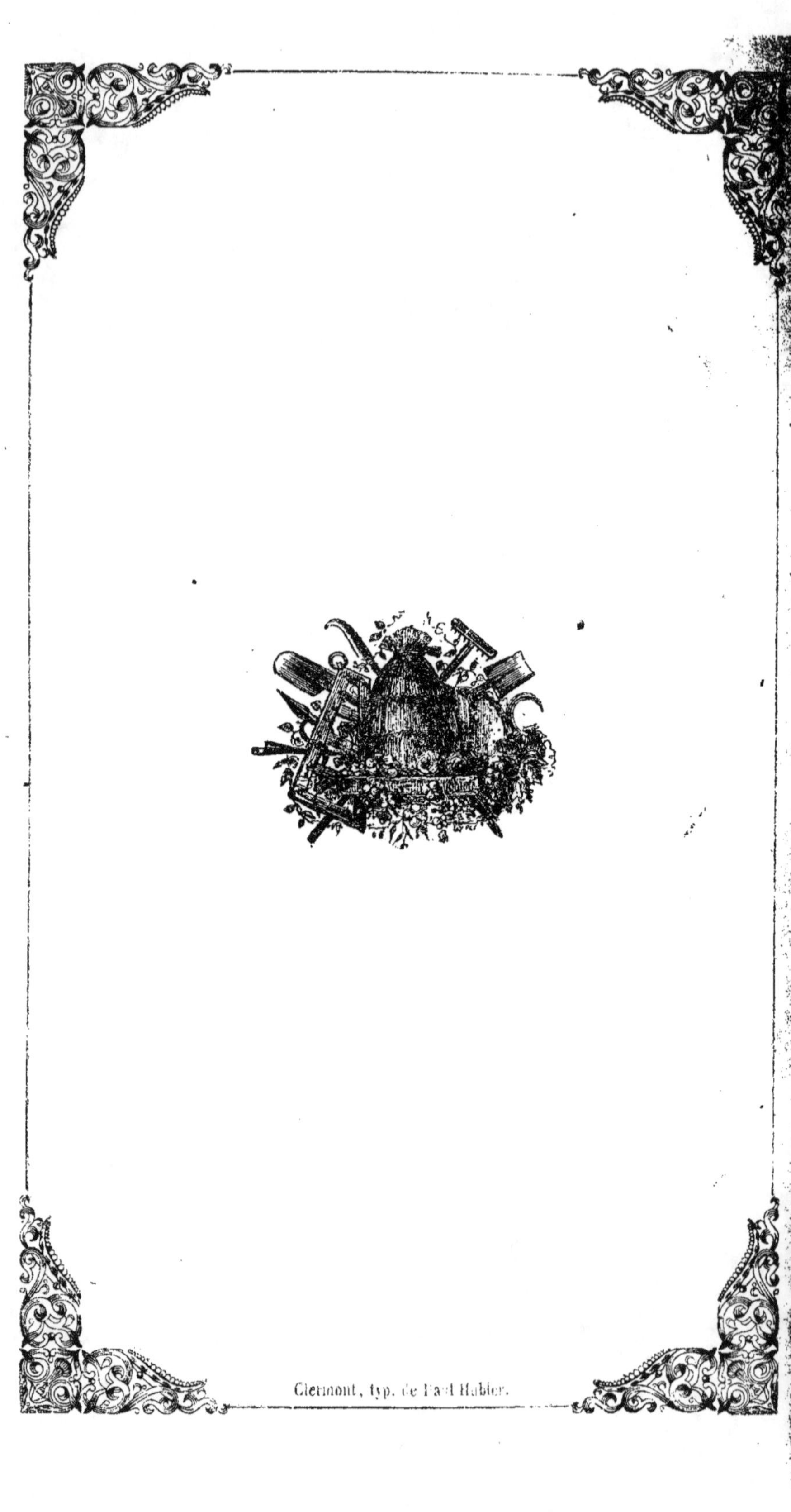

Clermont, typ. de Paul Hubler.